烟台汽车工程职业学院红旗文化育人丛书

成功不会从天降
——大学生励志教育读本

王秀冰　胡玮玲 ◎主编

中国书籍出版社
China Book Press

"烟台汽车工程职业学院红旗文化育人丛书" 编委会

主　任　李翠玲　李　广

副主任　于　波　李平刚　孙　涛　姜义昌
　　　　　杜旭东　宋恒继　刘务忠

委　员　张巍峰　孙乃祝　赵桂平　王　平
　　　　　曲　健　周福成　丛庆先　于红兵
　　　　　李秀敏　逄孝海　慕秀成　崔秀梅
　　　　　王永浩　李世一　邹德伟　张玉芳
　　　　　马晓艳　王世江　刘代忠　张咏梅
　　　　　林治熙　刘通江

前　言

　　青年是人生的黄金时期，最重要也最关键。青年代表国家的未来，毛泽东主席说过，青年人朝气蓬勃，正在兴旺时期，好像早晨八九点钟的太阳，希望寄托在青年人身上。勉励青年人要好好学习，天天向上，加强锻炼，努力成才，不辱使命，勇敢担负起民族国家赋予的大任、重任。

　　在新时期，习近平总书记进一步指出："青年的价值取向决定了未来整个社会的价值取向，而青年又处在价值观形成和确立的时期，抓好这一时期的价值观养成十分重要。这就像穿衣服扣扣子一样，如果第一粒扣子扣错了，剩余的扣子都会扣错。"强调青年要扣好人生的第一粒扣子，树立正确的人生观价值观，坚定理想信念，走与实践相结合、与群众相结合的成长道路。"有志者，事竟成。""志不立，天下无可成之事。"青年有没有志向，有没有正确的志向，有没有远大的志向，直接影响和决定着我们国家的未来有没有希望。所以，当代青年一定要有志，一定要敢立志，而且要立大志。但是，青年光有志不行，还要有排除万难去实现人生理想的行动。古人说得好："天将降大任于斯人也，必先苦其心志，劳其筋骨，饿其体肤，空乏其身，行拂乱其所为，所以动心忍性，曾益其所不能。"不经风雨，长不成大树；不受百炼，成不了好钢。

　　人在青年时期适当经历一些挫折、苦难、磨砺是十分必要的，是健康成长成才的重要条件。当代青年要树立正确人生观、励志成才，让我们见贤思齐，不断修养成才，培养优秀品质，成为对国家有贡献的人。

编　者

2019 年 11 月

目 录

第一篇 励志哲理 ... 1
经典哲理故事
 幸福是奋斗出来的 ... 2
 人生的满分 ... 3
 要活在巨大的希望中 ... 5
 幸福何处来 ... 7
 人生路上没有地图 ... 9
 别轻易说"不可能" ... 10
 人生可以随时开始 ... 12
 生命因磨炼而美丽 ... 15
 不幸与公平 ... 18
 什么是自食其力 ... 20
 不求全胜 ... 21
 笑对风暴 ... 23
 住上心灵大房子 ... 25
 你可以不成功，但是不能不成长 ... 26
 不要做杯子而要做湖泊 ... 30
 勇于承受 ... 31

第二篇　成功密码 ……………………………………………… 35

经典哲理故事

烧水的秘诀 ……………………………………………… 36
走出别人的脚印 ………………………………………… 37
一封写给初涉社会的学生的智慧书信 ………………… 39
不要看远处的东西 ……………………………………… 41
平庸是因为没有激发潜能 ……………………………… 42
给自己一片悬崖 ………………………………………… 44
人格是最高的学位 ……………………………………… 45
把要实现的目标写在纸上 ……………………………… 47
成功起点在于你的进取心 ……………………………… 50
自信托起成功的奠基石 ………………………………… 52
能救你的只是你自己的奋斗 …………………………… 54
人生就是一顿自助餐 …………………………………… 55
篮球与成功 ……………………………………………… 57
独木桥的走法 …………………………………………… 59
第三个寻宝人 …………………………………………… 60
竞争不相信眼泪 ………………………………………… 62
从未得到机会的女人 …………………………………… 63
埋头做事的孩子 ………………………………………… 65
每次只追前一名 ………………………………………… 66
俞敏洪在"赢在中国"节目现场的即兴演讲 ………… 68
不找借口找方法，胜任才是硬道理 …………………… 72
成功贵在坚持不懈 ……………………………………… 74
成功需要"十商" ……………………………………… 76

第三篇　为人处世 ……………………………………………… 81

经典哲理故事
　　合作才能共赢 ……………………………………………… 82
　　好运气是自己做出来的 …………………………………… 83
　　用微笑钓鱼 ………………………………………………… 85

处世道理
　　人生就是一个经典的菜谱 ………………………………… 87
　　如何与他人相处 …………………………………………… 89
　　快乐生活法则 ……………………………………………… 91
　　26句话让你的人际关系更上层楼 ………………………… 94
　　当你看不到前方的路时 …………………………………… 96

经典哲理故事
　　不要让瑕疵影响一生 ……………………………………… 98
　　感谢两棵树 ………………………………………………… 100
　　别把西红柿连续种在同一块地里 ………………………… 102
　　改变生命的微笑 …………………………………………… 105
　　向"许三多"学职业精神 ………………………………… 108
　　尽力而为还不够 …………………………………………… 110

第四篇　励志领航经典 …………………………………… 113

经典剧情
　　《肖申克的救赎》 ………………………………………… 114
　　《勇敢的心》 ……………………………………………… 116
　　《美丽心灵》 ……………………………………………… 117
　　《心灵捕手》 ……………………………………………… 118
　　《黑暗中的舞者》 ………………………………………… 119
　　《飞跃巅峰》 ……………………………………………… 120

《喜剧之王》 …………………………………………… 121

　　《千钧一发》 …………………………………………… 122

领航书籍

　　《高效能人士的七个习惯》 …………………………… 123

　　《幸福的方法》 ………………………………………… 124

　　《曾国藩家书》 ………………………………………… 125

　　《做最好的自己》 ……………………………………… 126

　　《与未来同行》 ………………………………………… 126

　　《永不言败》 …………………………………………… 127

　　《有用的聪明》 ………………………………………… 128

　　《创造自己》《肯定自己》《超越自己》 …………… 129

　　《小故事大哲理》 ……………………………………… 130

经典歌曲

　　超越梦想 ………………………………………………… 131

　　飞得更高 ………………………………………………… 132

　　从头再来 ………………………………………………… 133

　　相信自己 ………………………………………………… 134

　　怒放的生命 ……………………………………………… 135

　　阳光总在风雨后 ………………………………………… 137

　　明天会更好 ……………………………………………… 138

　　壮志在我胸 ……………………………………………… 140

　　放飞梦想 ………………………………………………… 141

　　爱拼才会赢 ……………………………………………… 142

第一篇 励志哲理

习近平总书记在同团中央新一届领导班子成员集体谈话时强调：广大青年要坚定理想信念、练就过硬本领、勇于创新创造、矢志艰苦奋斗、锤炼高尚品格，在弘扬和践行社会主义核心价值观中勤学、修德、明辨、笃实、爱国、励志、求真、力行，同人民一起前进，同人民一起梦想，用一生来践行跟党走的理想追求。习近平总书记对青年建功新时代提出了殷切期望。

总书记的谆谆教诲犹如一本成长指南，引领时代新人走好人生之路。蓝图不可能一蹴而就，梦想不可能一夜成真。人间万事出艰辛。越是美好的未来，越需要我们付出艰辛努力。

经典哲理故事

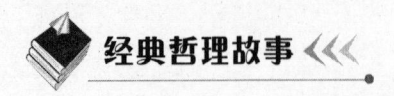

幸福是奋斗出来的

2017年12月31日，新年前夕，国家主席习近平通过中国国际广播电台、中央人民广播电台、中央电视台、中国国际电视台（中国环球电视网）和互联网，发表了二〇一八年新年贺词。

贺词中提到："2017年，我又收到很多群众来信，其中有西藏隆子县玉麦乡的乡亲们，有内蒙古苏尼特右旗乌兰牧骑的队员们，有西安交大西迁的老教授，也有南开大学新入伍的大学生，他们的故事让我深受感动。广大人民群众坚持爱国奉献，无怨无悔，让我感到千千万万普通人最伟大，同时让我感到幸福都是奋斗出来的。"

"幸福都是奋斗出来的。"把蓝图变为现实，将改革进行到底，无不呼唤不驰于空想、不骛于虚声的奋斗精神，无不需要一步一个脚印踏踏实实干好工作。天道酬勤，日新月异。

2018年是全面贯彻党的十九大精神的开局之年，将迎来改革开放40周年，也更需要激荡创造伟力、昂扬奋斗决心。极不平凡的2017年书写下难以磨灭的精彩回忆，超乎寻常的2018年也必将记录下中国人民开拓美好未来的壮志雄心。

——摘自"人民网"网站

分享与感悟

▶分享

党的十八大以来，每一项民生工程，都在提升群众获得感的同时，为拼搏奋斗创造着条件。实现比较充分就业，让劳动者各尽其能；完善职业教育和培训体系，为青年提供多样化的成才路径……学有所教、劳有所得、病有所医、住有所居等方方面面的实际成效，从吃饱穿暖到吃得好穿得好，再到更美好的生活。在追求美好生活的征途上，千千万万"甘洒热血写春秋"的奋斗身影，是中国逐梦前行最深沉的力量。

美好生活不是免费午餐，不是天上掉馅饼，不是守株待兔，更不是一夜暴富、不劳而获，只有埋头苦干、真抓实干才能梦想成真。正如习近平总书记强调的，"世界上没有坐享其成的好事，要幸福就要奋斗"。奋斗是实现幸福的必由之路。"一心只为老乡亲"，带领十八洞村村民寻找致富法子的"玛汝队长"石登高；每天待在实验室，研制的电容电池达到国际先进水平的蒋虎南；熟记2600多个地名，不允许一个快递发错的邮件接发员柴闪闪……这些2019年全国五一劳动奖章的获得者，用智慧与汗水攻克人生难关，创造美丽生活。在他们口中，"感恩""奋斗"是两个常被提起的关键词。身处伟大的时代，受益于社会的馈赠，个人就如同站在巨人的肩膀上，当个人奋斗与国家发展同频共振，个人就能不断抵达新的人生高度。

立足新时代，我们应心无旁骛地用双手创造美好生活。在这个人人皆可出彩的大舞台上，以奋斗为基调，每个人都能唱响圆梦之歌。

▶感悟

1. 谈谈你的感想：

_____

_____

_____

经典哲理故事

人生的满分

人生中什么才是最重要的呢？有人说是勤奋，有人说是知识，还有人说是爱或者运气。

如果英文的26个字母依序分别代表1到26这26个数字，那么hardwork（勤奋）就是8+1+18+4+23+15+18+11=98分，knowledge（知识）就是11+14+15+23+12+5+4+7+5=96分，love（爱）就是12+15+22+5=54分，而luck（运气）只有12+21+3+11=47分。

究竟是什么能让人生得到满分呢？是money（金钱）？也不是！莫慌，人生的每一个问题总能找到答案，只要改变你的态度。对了，能让人生得到满分的是你对生活和工作的态度，也就是 Attitude 态度，不信你瞧：1+20+20+9+20+21+4+5=100 分。

不一样的态度造就不一样的人生。很多时候人们都期望生活能获得更好的变化，当我们开始改变自己的态度时，这种变化就会发生。

当你对他人采取更友善的态度，就会觉得人们变得更加亲切；对挫折采取更积极的态度，你会发现原来在损失之外还有很大的收获……

——摘自"励志坊"网站

分享与感悟

▶分享

改变不能接受的，接受不能改变的。当发现自己的处境因为想法的改变而发生意想不到的变化，这就是态度的魔力。

1. 人生态度

在人的一生中必须解决理想、事业、家庭等一系列基本问题。在解决这些基本问题时，喜欢什么，厌恶什么，尊敬什么，蔑视什么，追求什么和以什么方式来追求，等等，统称为人生态度。人生态度的实质是做人问题。

2. 摒弃错误的人生态度

第一种是随大流、跟时尚的人生态度。具有这种人生态度的人，没有自己的人生主见，往往随波逐流，是人生"运动会"上的"尾随者"。第二种是消极无为、与世无争的人生态度，得过且过，以超脱红尘的消极旁观者自居，是人生"运动会"上的"旁观者"。第三种是牢骚满腹、热衷空谈的人生态度，是人生"运动会"上的"评论者"。第四种是利己主义的人生态度，把个人的私利放在高于一切的地位，"不以天下大利易其胫一毛"就是这种人生态度的突出表现，实为人生"运动会"上的"犯规者"。

3. 树立正确的人生态度

一要树立开拓创新的人生态度，永不满足于当前的现状，向更高的人生目标奋进，从而不断超越自我、完善自我。二要树立积极乐观的人生态度，不论遇到任何艰难险阻，都不丧失前进的斗志和必胜的信心，永远对事业、生活和未来充满希望。三要树立埋头苦干的人生态度，"书山有路勤为径，学海无涯苦作舟"。四要树立诚实谦虚的人生态度，说话、办事有实事求是的态度，言行一致、表里如一。

▶感悟

1. 感恩可以是一种生活态度，一种道德情操，你有否为现在所拥有的一切感恩呢？请列出你生命中应该感恩的事和人，并思考该如何做？

2. 请列出让你感到烦恼和焦虑的事项，并思考如何调整心态，优化性格，保持乐观向上的人生态度。

3. 谈谈你的感想：

_____

_____

_____

经典哲理故事

要活在巨大的希望中

亚历山大大帝给希腊世界和东方世界带来了文化的融合，开辟了一直影响到现在的丰饶世界。据说他出发远征波斯之际，曾将他所有的财产分给了臣下。为了登上征伐波斯的漫长征途，他必须买进种种军需品和粮食等物，为此他需要巨额的资金，但他把珍爱的财宝到领有的土地，几乎全部都分配给臣下了。

群臣之一的庞尔狄迦斯深以为怪，便问亚历山大大帝："陛下带什么启程呢？"

对此，亚历山大回答说："我只有一个财宝，那就是'希望'。"

据说，庞尔狄迦斯听了这个回答以后说："那么请允许我们也来分享它吧。"于是他谢绝了分配给他的财产，臣下中的许多人也仿效了他的做法。

我的恩师，户田城圣创价学会第二代会长，经常对我们青年说："人生不能无希望，所有的人都是生活在希望当中的。假如真的有人是生活在无望的人生当中，那么他只能是失败者。"人很容易遇到些失败或障碍，于是悲观失望，或是在严酷的现实面前，失掉活下去的勇气；或怨恨他人，结果落得个唉声叹气、牢骚满腹。其实，身处逆境而不丢掉希望的人，肯定会打开一条活路，在内心里也会体会到真正的人生欢乐。

保持"希望"的人生是有力的，失掉"希望"的人生则通向失败之路。"希望"是人生的力量，在心里一直抱着美"梦"的人是幸福的。也可以说抱有"希望"活下去，是只有人类才被赋予的特权，只有人，才能由其自身产生出面向未来的希望之"光"，才能创造自己的人生。

在人生这个征途中，最重要的既不是财产，也不是地位，而是在自己胸中像火焰一般熊熊燃烧的信念，即"希望"。因为那种毫不计较得失、为了巨大希望而活下去的人，肯定会生出勇气，不以困难为事，肯定会激发出巨大的激情，闪烁出洞察现实的睿智之光。只有睿智之光与时俱增、终生怀有希望的人，才是具有最高信念的人，才会成为人生的胜利者。

——摘自"读者网"

分享与感悟

▶分享

鲁迅曾经说过："希望是附丽于存在的，有存在，便有希望，有希望，便是光明。"人活着不能没有希望，否则会像失去控制的小船一样随波浮沉。若有了希望，便有了前进的动力，有了战胜困难的勇气，有了奋勇拼搏的力量。希望是热情之母，她孕育着荣誉，孕育着力量，孕育着生命，它使濒临死亡的人看到生存，使屡遭挫折的人看到成功，使身患绝症的人看到生命的一丝渴求。总之，在漫漫的人生道路上，拥有的希望就像是茫茫无边大海中的灯塔，指引着我们前进！

▶感悟

1. 请列出你认为能够拿得出来、相较别人有优势的资源（包括父母职业、家庭背景、社会关系、拥有的金钱数量、自身恒心、毅力等），从中选择对你来说最重要的一个，并说明理由。

2. 请去图书馆查阅资料，研究新中国成立初期毛泽东为何力排众议，决定出兵朝鲜？对你今后的学习、生活有何启示？

3. 谈谈你的感想：

经典哲理故事

幸福何处来

有一个人,生前善良且热心助人,所以他在死后上了天堂,做了天使。当了天使后,他时常到凡间帮助别人,希望感受到幸福的味道。

一日,他遇见一个农夫,农夫的样子非常苦恼,他向天使诉说:"我家的水牛刚死了,没它帮忙犁田,那我怎么能下田作业呢?"

于是天使赐他一头健壮的水牛,农夫很高兴,天使在他身上感受到了幸福的味道。

有一日,他遇见一个男人,男人非常沮丧,他向天使说:"我的钱被骗光了,没盘缠回乡。"于是天使给他银两做路费,男人很高兴,天使在他身上感受到了幸福的味道。

有一日,他遇见一个诗人,诗人年轻、英俊、有才华且富有,妻子貌美而温柔,但他却过得不快活。

天使问他:"不快乐吗?我能帮你吗?"

诗人对天使说:"我什么都有,只欠一样东西,能给我吗?"

天使回答说:"可以。你要什么我都可以给你。"

诗人直直地望着天使:"我要幸福。"

这下把天使难倒了,天使想了想,说:"明白了。"

然后把诗人所拥有的都拿走了。

天使拿走诗人的才华,毁去他的容貌,夺去他的财产和他妻子的性命。

天使做完这些事后离去了。

一个月后,天使再回到诗人的身边,他那时饿得半死,衣衫褴褛地躺在地上挣扎。于是,天使又把他的一切还给了他,然后离去了。半个月后,天使再去看诗人。这次诗人搂着妻子,不住地向天使道谢。

因为他得到幸福了。

——摘自"读者网"

分享与感悟

▶ 分享

幸福究竟还有多远？我们经常发出这样的疑问。其实拥有幸福很简单，它就是珍惜你现在所拥有的一切。

1. 珍惜今天

李大钊曾说过："无限的'过去'都以'现在'为归宿；无限的'未来'都以'现在'为渊源，过去未来中间，全仗现在，以成其连续，以成其永远无始无终的大实在。"所以说，虚度了"现在"，就等同于虚度了今天，也就在不知不觉中丧失了昨天和明天。

2. 珍惜现在拥有的一切

幸福对每个人有着不同的含义：颜回的一箪食一瓢饮是清贫者的幸福；财源滚滚、生意兴隆是商人的幸福；"春种一粒粟，秋收万颗子"是农民的幸福；官运亨通、青云直上是政治家们的幸福。由于对幸福的理解千差万别，对它的追求也就拥有不同的方式，有人兢兢业业，有人投机取巧，有人狐假虎威，有人挖空心思。取得的结果也各不相同，有人高兴，有人悲凄，有人兴奋地发疯，有人痛苦地跳楼。对任何人来讲，幸福极容易把握，也极容易失去，关键在于心态的平衡与否，"知足常乐"就是最大的幸福。谁能够以平常心看待功名利禄，以平静心观赏云起云散、宠辱不惊，谁就是幸福最大的受益者。拥有知足，就拥有幸福。珍惜幸福，应当从拥有知足开始。

请牢记：幸福源于知足，活在当下，幸福就是现在。

▶ 感悟

1. 谈谈你的感想：

_____

_____

_____

经典哲理故事

人生路上没有地图

喜欢冒险的我决定去玛丽姨妈家,攀爬她家山后那座神秘的大山。姨父阿梅斯说:"真不巧,这几天我很忙,因为我的族人还等着我开会呢。等我有时间了再带你去吧,如果没人领着,你很可能会迷路的。"

我说:"怕什么,万一迷路了,我就用手机打你的电话,向你求救。"阿梅斯姨父笑着说:"那好吧,希望你不会迷路,这样我也不会耽误族人开会的时间。"姨父是族长,主持族人开会,是他们族里的头等大事。我真不希望去打扰他,于是我自信地说:"不会的,我相信自己一定能够安全返回。"

于是我一个人出发了,一路上都很顺利,可就在快接近山顶时,突然狂风大作。姨父说过,必须等大风过去了才能继续行走,我只得找了个避风的地方,拿出睡袋躲了进去。一个小时后,我从睡袋里爬出来,眼前竟然没有路了。

我在原地转了一圈,所有的地方都是那么眼熟,那些路看起来四通八达,又好像不是路,怎么办?我决定给姨父打电话求救,可是,除了那个睡袋,我的身边竟然什么也没有了。一定是刚才那阵大风将我的行李给刮走了。

就在快要绝望的时候,我突然从睡袋里发现了一张地图。莫非是姨父有意放进去的?我顿时来了精神,循着地图的指引顺利找到了回家的路。

一踏进家门,正好赶上姨父散会回家。我高兴地对姨父说:"今天多亏了你的地图,要不我还真是回不了家。我的行李包括手机都给风刮跑了。"

姨父奇怪地问:"地图,你哪里来的地图?"我说:"是你放进我的睡袋里的呀。"姨父拿着那张地图,突然哈哈大笑了起来:"这哪是什么地图啊,这是你4岁的琳达表妹画的超级蜘蛛侠,你看,这些线条不都是蜘蛛的长腿吗?"

我惊奇地说:"可是,我真的是拿这张'地图'找到下山的路的呀。"

姨父说:"你能够成功地下山,不是这张地图的功劳,而是你自己行动的结果。遇到困难,只要不消极等待,而是主动寻找解决问题的方法,就永远不会迷路！要知道，人生的路上是没有地图的。"

——摘自《讽刺与幽默》 翻译：沈湘

分享与感悟

▶ 分享

积极行动是成功的导师。行动不一定每次都带来幸运，但坐而不行，一定无任何幸运可言。因为：行动是成功的导师。

有谚语云："百言不如一行"。对于自信而言，究竟什么是第一位？观念还是行动？如果你的回答是观念，那么你只是做了一个极好的逻辑回答，然而不幸的是，你错了。观念并不是第一位，行动才是第一位！你得先采取措施，让自己行动起来，唯有如此，自信才会如泉水一般源源不断地涌现出来。所以真正的优秀不是你想了什么、说了什么，而在于你干了什么。正如毛泽东同志在著名的《实践论》中说："你要知道梨子的滋味，就要亲口尝一尝。"因此，要想获得人生的知识乃至成功，就要亲身去实践。

▶ 感悟

1. 谈谈你的感想：

_____

_____

_____

经典哲理故事

别轻易说"不可能"

朋友，你信吗？1加1等于1，2加1等于1，3加4等于1，4加9等于1，5加7等于1，6加18等于1。稍有数学常识的人都会说："这怎么可能呢？以上结论没有一个是成立的。"不过，千万别急着说"不可能"。我们只要给这些数字加上适当的单位名称，其结果就可以成立，而且是完全正确的：

1里加1里等于1公里，2个月加1个月等于1季度，3天加4天等于1周，4点加9点等于中午1点，5个月加7个月等于1年，6小时加18小时

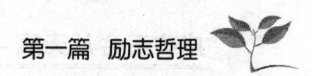

等于1天。

简单的数字游戏告诉我们：面对生活中那些看似不可思议的东西，只要调整一下思维方式，换一个角度思考，就会得到异乎寻常的答案，使不可能变为可能。如果你是一个聪明人，面对人世万象，就不要轻易说"不可能"。这不是圆滑、世故，而是成熟、智慧。

——摘自《广州日报》 作者：杨令飞

分享与感悟

▶分享

生活中经常看到这样的现象：拥有相同的境遇、相近的出身、相似的学历文凭、付出相同程度的努力的人，有的人飞黄腾达、演绎完美人生，而有的人一败涂地、满怀怨恨而终。这种现象的原因何在？——思维方式的不同。

1. 思维方式

所谓思维方式，简单地说，就是思考问题的方式方法。常言道：思路决定出路。思维方式不同，看问题的角度就不同，所采取的行动方案与标准就不同，面对机遇进行的选择就不同，在人生路上收获的成果就不同。

2. 该如何转变思维方式

一是变封闭型思维方式为开放型思维方式。在工作、学习生活中面对困难，不要轻易说不可能，要开启发散式思维，运用"围魏救赵""声东击西""以退为进"等谋略实现"条条道路通罗马"。

二是变单向型思维方式为系统型思维方式。正如温家宝总理所言：不谋全局者，不足以谋一域。在生活中要用整体发展的眼光看待出现的困难。

三是变教条型思维方式为求实型思维方式。具体问题具体分析，不唯书不唯上只唯实，不从众，不墨守成规，不先入为主，从而能更好地总结过去、学习他人、开创未来、推动社会不断进步。

▶感悟

1. 谈谈你的感想：

_____

_____

经典哲理故事

人生可以随时开始

一个部落首领的儿子在父亲去世后承担起了领导部落的任务。但是，由于他花天酒地、游手好闲，部落的势力很快衰弱下来。在一次与仇家的战役中，他被仇家所在的部落擒获。仇家的首领决定第二天将他斩首，但是可以给他一天的时间自由活动，而活动的范围只能在一个指定的草原上。

当他被放逐在茫茫的大草原上时，他感觉，这个时候的自己已经完全被整个世界抛弃了，天堂将很快成为自己的最终归宿。他回忆起曾经锦衣玉食的日子，想起了自己部落里辛苦劳作的牧民，想起了那些卖命效力的英勇武士，他追悔莫及。

他想，如果能让我重来一次，上天再给我一次机会，绝对不会是这样一个结果。于是，他想在自己生命的最后24个小时做一些事情，弥补自己曾经的过失。

他慢慢地行走在草原上，看见很多贫苦而又可怜的牧民在烤火，他把自己头顶上佩戴的珍珠摘下来送给他们；他看见有一只山羊跑得太远，迷失了方向，他把它追了回来；他看见有孩子摔倒了，主动把他扶了起来；最后，他还把自己一件珍贵的大衣送给了看守他的士兵……他终于做了一些自己以前从没做过的事情，他觉得自己内心还是善良的，可以满意地结束自己的生命了。

第二天，行刑的时候到了，他很轻松地步入刑场，闭上眼睛，等待刽子手结束自己的生命。可是等了很久，刽子手的刀都没有落下，他觉得很奇怪。当他慢慢把眼睛睁开的时候，看见那个仇家首领捧着一碗酒微笑着站在他面前。

那个首领说："兄弟，这一天来，你的所作所为让我感动，也让我重新认识了你，我们两个部落的牧民本来可以和睦愉快地相处，却因为一些私利互相仇视，彼此杀戮，谁都没有过上太平的日子，今天，我要敬你一杯酒，冰释前嫌，以后我们就是兄弟，如何？"

之后，他回到了部落，再也没有纸醉金迷地生活，而是勤政爱民，发誓要做一个优秀的部族首领。从此以后，这两个部落的牧民再也没有发生过战争，彼此融洽和平地生活在草原上。

人生可以随时开始，即使只剩下生命中的24小时。

一个人只要还能思考，还充满了梦想，就一定可以重新开始自己的人生。

可为什么，有时我们明明知道自己已经错了，还是要继续错下去，或是已深陷痛苦之中，却仍然不愿逃离出来，在"不敢"或"不舍"中将自己陷于困局呢？如果明知这条路不适合自己，再走下去的结果也只是枉然，何不立即舍弃重新开始呢？

曾有位名人说："认为自己做不到，只是一种错觉。我们开始做某事前，往往考虑能否做到，接着就开始怀疑自己，这是十分错误的想法。"

人生随时都可以重新开始，没有年龄限制，更没有性别区分，只要我们有决心和信心、梦想，即使到了70岁也能实现。

有一部电影，讲的是一个年轻人，因为自己恋慕已久的女人要嫁给一个富商而十分痛苦，他自此自暴自弃、破罐破摔，每天喝得烂醉如泥，惹是生非。镇上的人见了他纷纷侧目，迎面走过的人更是纷纷避让，生怕招惹祸端。

一个在镇上颇有威望的老者见到他这副模样，于是呵斥他道："有本事你就把她追回来。"

"可是，她已经要嫁给别人了。"年轻人哀怨地说。

"如果你有本事，你就有机会，你还有时间，你需要的是振作！"老者义正词严地说。

"可我一无所有，怕是没什么指望了。"年轻人继续哀怨着。

"你还有今天，你还有明天，你还有一身的力气。"老者说道。

在老人的谆谆教诲之下，年轻人终于鼓起勇气，离开了小镇，远走他乡……

三年后，年轻人回到镇上，找到了那位教诲他的老人。老人告诉他，那个女人已经嫁给了富翁。年轻人笑了笑，说："一切都已经过去了，你教给我的不是怎么娶一个女人，而是教会我做人的道理，这才是最重要的。"

今天是一个结束，又是一个开始。昨天的成功也好，失败也好，今天都可以重新开始，重新开拓自己的人生。昨天失败了，不要紧，今天忘了它，总结失败的教训，继续新的努力。即便昨天是成功的，今天依旧要重新开始，在成功的基础上继续努力，争取更辉煌的进步。

人生就是不断重新开始的过程，随时都可以有新的开始、新的希望、新的天空。

——摘自"文章阅读网"

分享与感悟

▶分享

生活中有很多人都认为，岁月的流逝不仅带走了人的美丽容颜，还带走了人的智慧，人到老年之后就慢慢失去了创造力。于是，很多人在30岁时感叹青春已逝，在40岁时感叹容颜已老，在50岁时开始回味人生……

然而，实际上生命的起点只有一次，而人生的起点可以随时开始，成功不分先后，把握现在，每一天都是我们人生的起点。

而随时开始的关键，是要发现属于自己的人生意义。最简单的，有的人认为人活着就是为了吃饭，有的人是为了吃饭而活着。你觉得你属于哪一种？还是两种都不是？却又说不出自己活着是为了什么？不知道就需要去寻觅，找到一个你觉得能支撑自己开心地活下去的理由，找到一个能让自己为之奋斗的目标。

不要觉得没有意义，当你发现这个理由和目标的时候，你才会发现生活原来这么有趣。你的人生也就随时可以重新开始。

▶感悟

1. 谈谈你的感想：

_____

_____

经典哲理故事

生命因磨炼而美丽

平心而论，谁也不希望自己的生命经常忍受磨炼——折磨式的历练，哪怕真的是因此可以增加人的美丽，也不会有人欢呼着说："啊，我多么喜欢折磨式的历练呀。"人总是向往平坦和安然的。然而，不幸的是，折磨对生命的来袭，并不以人的主观愿望为依据，不论人们喜欢与否，它只管我行我素，甚至有时还要强加于人，谁能奈它何？

既然如此，人们为什么不让自己振作起来去迎接这挑战呢？人们为什么不能把它变作某种养分去滋润自己的美丽呢？人们回避磨炼，是因为不想忍受它，当回避不了时，人们又说磨炼原来是可以美丽人生的，两边皆有道理。

避开折磨是生命的最佳选择，一旦躲避不开，就让折磨变作美丽人生的养分，此亦是生命的最佳选择。之所以说此亦是生命的最佳选择，乃是因为人们在陷进折磨时，他面对的选择不止一个，比如说痛苦、焦灼、迷茫、束手无策或一蹶不振，而这些选择就没有一个具有积极的性质，皆是对人生的消沉与颓废。比起这些选择，唯有选择让折磨变作美丽人生的养分，方才算是最佳。

生命因磨炼而美丽，关键在于人对磨炼认识的角度和深度。应该说，磨炼本身就具有美丽人生的功能，假若由于认识上的原因，反让磨炼把自己丑化了，这就有点雪上加霜的味道了，除了磨炼的起因之外，你只好谁也甭怪。鉴于以上原因，所以也并非是说，谁的生命都会因磨炼而生美丽的，生丑陋者也大有人在。

生命因磨炼而美丽，不仅仅因为生命需要在磨炼中成长，而且主要在于磨炼对生命的不可回避性。人群之中，物欲横流，而且方向和力度又不尽相同，谁料得到何时何地就会滋生出一种针对自己的折磨来呢？料不到又必须随，随又不想使自己一蹶不振地消沉，这样，经过努力，使其转化为对自己有用的能量，就成为人之不选之选。这时候的磨炼对生命来说，已变作美丽的阶梯，虽然阶梯的旁边充满荆棘，但在阶梯尽处却布满鲜花，坦然走过荆棘，就必然置身于另外一重天地。

生命因磨炼而美丽，还在于它使人生收获了用金钱也买不到的某种负面阅历。人生阅历，正面的居多，人生的教诲，善良的居多，而这些东西都构不成对人生的考验，唯有折磨具备这种恶质。常言不是说"猪圈难养千里马，花盆难栽万年松"吗？为什么会是这样的呢？就是因为其缺乏考验的机会。生活中的其他事情也一样，凡没有接受过考验者，你就很难断言它是否完整和美丽。而这种考验又非是谁有计划地出的考试题，它是不期然而然地就横亘在了人的面前，使人猝不及防。由于它的这种突发性质，所以它之于人考验的意味就足得很。经此一番挣扎、磨炼，人没有颓废，反而更加精神了，这样的生命不走向美丽还走向哪里呢？

固然，磨炼也是可以丑陋人生的。人生原本还有点美丽，经过数次折磨式的履历之后，没有使其成熟和美丽，反倒使它充满痛苦、迷茫、彷徨，甚至瞻前顾后、畏首畏尾、唯唯诺诺，没有一点棱角脾气了，这是不是有点丑陋呢？

对于这些人来说，所有的磨炼都不能称之为磨炼，而是灾难。总而言之，只要有点挫折和难受，就无不如同灾难临身，什么坐卧不安呀、神不守舍呀、食不知味呀，等等，这些消耗情绪的东西就都来了。如此人生，让它如何从废墟中走向美丽呢？一颗心已被"灾难"二字占满，体会它尚且不够，怎可能让他分出心来瞄一眼灾难背后的美丽？所谓的灾难，其本身已使人不堪忍受，再要以此种心态情绪去强化它对人的伤害，这不是越瘸越使棍打了吗？人生难美，是不是就这样被自己注定了呢？

这样对磨炼的感受，实际上大可不必。

退一步说，假若你无力使折磨变作美丽生命的阶梯，却也不该使它变作生命的灾难之门。在美丽与灾难之间，保持一个中立的态度如何？即以无所谓的心态来对待它如何？这样做，至少生命不会出现消极现象，不消极不就说明其中有积极因素吗？这远比把磨炼视作灾难的认识事物的方法要乐观得多。

在某些时候，人生的精神财富比物质财富也许显得更重要，人们是不应该对之忽略的。精神财富的获得有许多方法，而不断地经受磨炼是其方法之一，或者说是最重要的方法之一。而人生之美丽与否，首先可看的也就是他的精神财富多寡，而不是看他的物质财富多寡。生命因磨炼而美丽，美就美在此处。

不错，人总是希望平坦和安逸的，谁也不想要折磨式的历练。但是它却没有因此而不来，作为被动的承受者，又不想就此妥协，那么，就拿出你的智慧，化腐朽为神奇吧，人生将因此而走向美丽，虽然此属于被迫的性质，也比无所作为要好。歪打正着，亦弥足珍贵。

——摘自"文章阅读网"

分享与感悟

▶分享

没有人希望自己的生命经常忍受磨炼——折磨式的历练，哪怕真的因此可以增加人的美丽。避开折磨是生命的最佳选择，一旦躲避不开，就让折磨变作美丽人生的养分，这也是生命的最佳选择。可是，如何在折磨中吸取人生的养分，乐观地生活下去呢？下面几点建议可供借鉴。

1. 要向周围勇于同挫折抗争的人士学习

学习他们乐观、向上的人生态度，建立生活的信念。

2. 既要原谅自己，也要原谅别人

自己犯了错误，会很容易地把内疚和失败扔到脑后去，用新的信念和热情充实自己的生活。同时，也要用这种态度去对待别人的过错，不要把别人对不起你的地方总放在心上，常想想，别人也许并不是有意伤害了你。

3. 要恢复自尊心

要相信自己的理想和能力，不要总怀疑自己会失败，就是真正失败了，也要看一看是不是因为条件还没有成熟，或者我们目前还不能胜任，相信以后是会成功的。

4. 回到朋友们中间去

人和人之间的感情是治疗精神创伤的良药。你不妨找一位朋友谈谈，把你的烦恼和不幸告诉给他，你或许会从他那里得到温暖、得到帮助的。

5. 热心帮助别人

帮助别人，也是医治自己精神创伤的好办法。

6. 在平凡的小事中寻找生活的乐趣

一旦发现了自己的兴趣，就要牢牢地抓住它。翻翻以往的信件，看看过去的日记，可以把你带回到过去欢乐的日子里，你一定能从中找到重新开始生活的力量。

▶感悟

1. 谈谈你的感想：

_____

_____

经典哲理故事

不幸与公平

一个年轻人感觉自己非常的不幸。10岁时母亲患病去世，他不得不学会洗衣做饭，照顾自己，因为他的父亲是位长途汽车司机，很少在家。

7年后，他的父亲死于车祸，他必须学会谋生，养活自己，因为他再没有人可以依靠。

20岁时他在一次工程事故中失去了左腿，不得不学会应对随之而来的不便，他学会了借助拐杖行走，倔强的他从不轻易请求别人的帮助。后来他拿出所有的积蓄办了一个养鱼场，然而，一场突如其来的洪水将他的劳动和希望毫不留情地一扫而光。

他终于忍无可忍地找到了上帝，愤怒地责问上帝："你为什么对我这样不公平？"

上帝反问他："你为什么说我对你不公平？"

他把他的不幸讲给了上帝。

"哦！是这样。的确有些凄惨，可为什么你还要活下去呢？"

年轻人被激怒了："我不会死的，我经历了这么多不幸的事，没有什么能让我感到害怕。终有一天我会创造出幸福的！"

上帝笑了，他打开地狱之门，指着一个鬼魂给他看，说："那个人生前比你幸运得多，他几乎是一路顺风走到生命的终点，只是最后一次和你一样，在同一场洪水中失去了他所有的财富。不同的是他自杀了，而你却坚强地活着……"

——摘自"励志坊"网站

分享与感悟

▶分享

孟子有句名言："生于忧患，死于安乐。"其实这个名言正揭示了一个深刻的哲理："幸与不幸平衡定理"——当你幸运的时候，命运往往将引导不幸悄悄降临，以此来平衡你的幸运；当你不幸的时候，命运也将引导幸运悄悄降临来平衡掉你的不幸。所以幸运的时候要提防不幸，不幸的时候要对幸运有所期待。

那么应该如何对待不幸呢？一是要增强面对困难、挫折的承受力，把苦恼、不幸、痛苦等看作是上天对自己的考验和赏赐。正如孟子所言："故天将降大任于斯人也，必先苦其心志，劳其筋骨，饿其体肤，空乏其身。"二是要客观地认识自己的不幸，人的一生总会时时感到自己的不幸、冤枉或是倒霉。其实绝大多数时候，都是被我们放大了事实，甚至是无中生有，和身边那些病痛中、残疾中、逝去的等真正不幸的人相比，我们是何等的幸运与福气。三要勇于进取，不断奋斗，在无限的事业中、无限的拼搏中实现心中的目标。

▶感悟

1. 你认为生活对你而言是不幸的，还是幸运的？请分别把你认为"不幸"和"幸运"的事情列出来，谈谈你的看法。

2. 现在有两份工作：一份在家附近，较为舒适安逸却工资少；另一份全国流动，经常出差，工作很辛苦，却工资很高。你会选择哪个？理由是什么？

3. 谈谈你的感想：

_____

_____

经典哲理故事

什么是自食其力

两位学生,为"自食其力"这句成语具体地进行了全然不同的诠释。

其一:鸵鸟

我到一间咖啡店用午餐。猛一抬头,看到穿梭于顾客之间捧茶的,竟是我去年教过的一个学生。他在校成绩不错,怎么在此捧茶而不升学?心里觉得很惋惜,想和他谈谈,但是,他总是不走过来,我试图招手多次,他却视若无睹。后来,旁边一位不相识的人想喝咖啡,大声喊他,他才无奈地走过来,一张脸窘得通红,低声喊:"老师……"

探问其缘由,他腼腆地应答:"我想在会考公布以前挣点儿学费继续读书。"

其志可勉。然而,遗憾的是:他对自己的自食其力并不引以为荣。反之,一见到认识的人便变作了鸵鸟,恨不得把整个头埋进沙堆里!

其二:孔雀

到杂货店买东西,一名少年肩扛一大包马铃薯从店后走了出来,淋漓的汗水浸湿了粗壮的胳膊。他放下了马铃薯,抹汗,转脸,看到了我,立刻笑容满面,大声喊道:"老师,你还记得我吗?"

记得,我当然记得,以前在校,他念普通班,作业不交,行为散漫,让我伤透了脑筋。有一次还因为他在课堂上的无礼顶撞而把他赶了出去。

离校后,音讯杳然。

现在,他站在我面前,豪爽开朗,温文有礼。社会教育了他,生活磨炼了他。

"我在读工艺课程,现在是假期,来这里帮帮忙,赚点学费!"

他脸上的表情,骄傲而满足,像一只把成就写在屏上的孔雀。

——摘自 2008 年第 17 期《意林》 作者:尤今

分享与感悟

▶分享

把工作做好，不仅取决于能力，更取决于态度。这个态度就是——敬业。什么是敬业？就像一个信徒对待神灵那样，做之前如履薄冰，做之时全情投入，做之后反躬自省。这样的态度就是敬业。

因此，在工作进行中和工作完成后，既不要逃避自我问责，更不要害怕别人评价和问责。别人的评价更客观，更能够反映出你工作的效果。即使面对别人"鸡蛋里面挑骨头"，也应用一种坦然甚至是感恩的心态来对待。挑不出骨头来，正说明了工作的完美；挑得出骨头，不管骨头大小，起码说明了工作还存在着不尽如人意的地方。那么，让我们勇敢地接受别人的评价和问责吧！

▶感悟

1. 看到12岁的男生在街头卖艺，你会有哪些感想？你敢在街头卖艺吗？为什么？

2. 什么是自食其力？试给自食其力列出"条件"。

3. 你现在能否在生活方面做到自食其力，如果不能，请思考为何不能？下一步应该怎么做？

4. 谈谈你的感想：

_____

_____

经典哲理故事

不求全胜

江是我的朋友。

彼时我们还年轻，我和江都是刚入棋门、不谙棋道的新手。

我直白，赢了便喜，输了便躁。

江内敛，输赢与否，表情如一。

性格决定命运，江做了职业棋手，我成了业余棋手。

每次跟对手过招，江胜了便说侥幸，输了必自称技不如人。

江在比赛中总是拿第二名，要么第三名，全市比赛如此，全省亦如此。

有奖金的比赛，江胜两盘必输一盘，胜也不过是几目之胜，小胜。

外地棋手，偶尔到本市以棋会友，与江对局，过后必大呼失手，输也不过几目之输，小负。

除了几位好友和棋院队友，无人知道江是本市棋界顶尖高手。

一个玩股票的朋友告诉我，股票最恰当的抛售时机不是最高值而是次高值，最适宜的建仓期不是最低值而是次低值。

过来人总结道：酒饮半酣正好，花开半吐偏妍。

他们明白，登顶以后的趋势是走下坡路。

所以，棋界没有常胜冠军，战场无常胜将军，商场无常胜富豪。

——摘自 2010 年第 9 期《意林》 作者：红柳

分享与感悟

▶分享

不求全胜，蕴含着"不盲目追求完美主义"，而是信奉"循序渐进、持之以恒"的深刻哲理。

1. 完美主义

典型的完美主义的思维方式，即"拥有一切或一切全没有"的绝对的思维方式。所以，完美主义者的思维轨道就是：太高的目标⇒极易失败⇒心灰意冷⇒更高的目标⇒再次失败⇒自信再遭打击⇒更高的目标。

2. 完美主义者如何克服自己的完美主义倾向呢

首先，应该明确这种思维方式的弊端，如：由于精神极度紧张而难以胜任工作；常常因怕犯错误而不敢创新；不敢尝试新事物；经常自咎自责，剥夺了自己的生活乐趣；总是因发现自己的瑕疵而惶惶不可终日；常常感到目标过高而信心不足，以至于总无法行动起来，等等。

其次，完美主义者应求佳不求优。在做事过程中，设立的目标实际一些，精神压力和受挫感就不会那么大，获得成功的信心就强些，自然也就更有能力和创造力。你也许会发现，不执求一篇杰作，倒能创作出数篇佳作来。

再次，停止完美主义，小步快跑。在精确管理理论中，对创新的定义是：5%的改进与改良就是创新。任何事物的发展都是渐进的，关键是我们要能够做到持续改进，"积跬步，而致千里"。

总之，抛弃完美主义的思维方式，你就会常常感到轻松愉快，自然而然地感到自己富有创造力，工作效率显著，因而充满自信。

▶感悟

1. 杰维·伯恩斯说："过分追求完美，是取得成功的拦路虎，是自拆台脚的坏习惯。"你如何理解这句话？

2. 请列出你在生活、学习中的有关表现，评估是否有"追求确定、精确的'完美'，认为自己的人格是无可非议的"等完美主义的倾向。

3. 谈谈你的感想：

_____

_____

_____

经典哲理故事

笑对风暴

一个小男孩每天步行去上学。

一个特殊的早晨，天气捉摸不定，云朵正在聚集，天空阴沉灰暗，但小男孩还是一如往常地踏上了去学校的路。

随着下午时光的推移，暴风骤起，电闪雷鸣也接踵而至。小男孩的妈妈担心儿子在返家途中会被这天气吓着，也怕雷电交加的大风暴会伤着儿子。每当轰隆隆的雷鸣过后，闪电便如一把耀眼的利剑划破天空。妈妈实在放心不下，便钻进自己的小车，顺着儿子每天的必经路线往学校驶去。

碰到儿子时，妈妈发现她的小家伙正泰然自若地走在路上，只是每次闪电的时候，小男孩就会停住脚步，仰脸微笑。

闪电一道接一道地划过天空，每一次小男孩都会抬眼看着闪电微笑。

妈妈把车开到儿子身旁,摇下车窗问:"你在做什么?"

小家伙答道:"我在尽力让自己看上去漂亮些,上帝在不停地给我拍照呢!"

——摘自《讽刺与幽默》 译者:胡英

分享与感悟

▶分享

"笑一笑,十年少。"微笑是一种心态,更是一种对生命无限热爱和珍视的表现。人生无时无刻不需要微笑。

1. 笑对离别

"与君离别意,同是宦游人。""劝君更尽一杯酒,西出阳关无故人。"是啊,天下没有不散的宴席,我们每个人都要经历离别:毕业时与同学的离别;创业时与老乡的离别;长大后与父母的离别……朋友们,笑对离别吧!让我们用心扉去迎接苍天的赐予,让我们用微笑去面对离别之苦。

2. 笑对挫折

"不经历风雨,哪能见到彩虹?"笑对挫折,即使是失败了,在你面前也会出现一道绚丽的彩虹,那道彩虹,为你而现!

朋友,请每时每刻以微笑去面对生活,早上对着镜子送自己一个微笑,让自己带着一个好心情出门;夜晚睡觉前对着镜子送自己一个微笑,祝福自己有一个甜甜的美梦。你会发现,生活原来如此美好!

▶感悟

1. 谈谈你的感想:

_____

_____

_____

经典哲理故事

住上心灵大房子

人的这一生,与其费尽九牛二虎之力去买一幢大房子,不如多花些心思加强修养、陶冶性情,在心灵深处建一所"大房子",让自己这颗心在里面住得宽宽敞敞、踏踏实实。

要在心灵深处建所"大房子",以下三要素恐怕必不可少。

其一,豁达了,房子才宽敞,才有足够的空间放飞心灵,让它自由徜徉。

其二,善良了,房子才宁静,才有纯净的空气滋养心灵,让它质朴纯洁。

其三,幽默了,房子才通透,才有流动的空气吹拂心灵,让它永远鲜活。

——摘自"读者网"

分享与感悟

▶ 分享

心灵是人善恶、美丑、真诚和虚伪、苦乐、追求和舍弃、思索和领悟等这些人文层面的内心世界及其行为的呈现。心灵不仅体现一个人的智慧,更决定一个人的生活、命运和价值的取向。

1. 心灵的品级

心是有品级的,品级决定人生的成败。心灵的最高境界是敬畏之心;第二境界是慈悲之心;第三境界是感恩之心;第四境界是宽容之心。

2. 治疗"心病"的方法

"心病"是由于心理平衡失调而造成生理功能紊乱的身心疾病。心理学家根据现代人的生理、心理特点,针对"心病",开出了如下八味"心药"。

① 心怡:心怡即心乐,心乐是一切快乐的源泉,只要心乐,再艰难的逆境都不能摧毁你的精神。心怡是克服悲观厌世、精神抑郁的良药。

② 心静:古人有对联云:"心静病良已,形槁神独定。"静能养神,静可生慧。心静是蓄集生命能量、医治心灵创伤的要诀。

③ 心安:心安是指内心的安详。《内经》云:"心安而不惧,志闲而少

欲，气从以顺。"保持内心的安详，是克服浮躁、细品人生的关键。

④ 心宽：陶铸有名言云："心底无私天地宽。"心宽包括对他人的宽容，对前途的信心和目光的远大，胸怀宽广能容天下难容之事。心宽对克服嫉妒、猜疑等不良情绪有化解之作用。

⑤ 心善：心善则神怡，怀一颗善心，度百年风雨。心善是克服不满、焦虑等不良情绪的心理武器。

⑥ 心诚：为人诚恳，胸怀坦荡，就可以大大减少不必要的心理压力。以诚待人，则他人自会回报真诚。整天生活在尔虞我诈的环境中无疑是对心灵的折磨。

⑦ 心纯：童心可贵，就在于其纯洁无瑕，留得一份童心，则可享受纯真之真情。纯真是净化社会污染的心理过滤器，可以使人返璞归真。

⑧ 心正：心正则气正。保持心灵的正气，也是克服心理障碍的有效疗法。

▶感悟

1. 谈谈你的感想：

_____

_____

_____

经典哲理故事

你可以不成功，但是不能不成长

我还记得我第一次采访基辛格博士，那时刚刚开始做访谈节目，特别没有经验，问的问题都是东一榔头、西一棒子的，比如问：那时周总理请你吃北京烤鸭，你吃了几只啊？你一生处理了很多的外交事件，你最骄傲的是什么？

后来在中美建交30周年时，我再次采访了基辛格博士。那时我就知道再也不能问北京烤鸭这类问题了。虽然只有半小时，我们的团队把所有有关的资料都搜集了，从他在哈佛当教授时写的论文、演讲，到他的传记，有那么厚厚的一摞，还有七本书，都看完了，我也晕了，记不清看的是什么。虽然采访只有27分钟，但非常有效。

真是准备了一桶水，最后只用了一滴。但是你这些知识的储备，却都能使你在现场把握住问题的走向。

记得我问他的最后一个问题是：这是一个全球化的时代，有很多共赢和合作的机会，但也出现了宗教的、种族的、文化的强烈冲突，你认为我们这个世界到底往哪去？和平在多长时间内是有可能的？

他就直起身说，你问了一个非常好的问题。随即阐述了一个他对和平的理解：和平不是一个绝对的和平，而是不同的势力在冲突和较量中所达到的一个短暂的平衡状态。他把他的外交理念与当今的世界包括中东的局势结合，作了一番分析和解说。

这个采访做完，很多外交方面的专家认为很有深度。虽然我看了那么多资料，可能能用上的也就一两个问题，但事先准备绝对是有用的，所以我一直认为要做功课。我不是一个特别聪明的人，但还算是一个勤奋的人，通过做功课来弥补自己的不足。

作为记者和访谈节目的主持人，我也许还有一个优势，就是容易和别人交流。

1996年，我在美国与东方卫视合作一个节目叫"杨澜视线"，介绍百老汇的歌舞剧和美国的一些社会问题。其中有一集就是关于肥胖的问题，一位体重在300公斤以上的女士接受了我的采访。大家可以想象，一般的椅子她坐不下，宽度不够，我就找来另外的椅子，请她坐下，与她交谈。最后她说：我一直不知道中国的记者采访会是什么样，但我很愿意接受你的采访。我就问她为什么？她说别的记者来采访，都是带着事先准备的题目，在我这挖几句话去填进他们的文章里，而你是真正对我有兴趣的。这句话给我的印象很深。所以在镜头面前也好，在与人交流时也好，你对对方是否有兴趣，对方是完全可以察觉的。

我做电视已经17年了，中间也经历了许多挫折，比较大的，就是2000年在香港创办阳光卫视。虽然当时是抱着一个人文理想在做，至今我也没有后悔，但由于商业模式和现有市场规则不是很符合，导致经历了许多事业上的挫折。这让我很苦恼，因为我觉得自己已经这么努力了，甚至怀孕的时候还在进行商业谈判。从小到大，我所接受的教育就是：只要你足够努力，你就会成功。但后来不是这样的。如果一开始,你的策略、你的定位有偏差的话,你无论怎样努力也是不能成功的。

后来我去上海的中欧商学院进修 CEO 课程,一位老师讲到一个商人和一个士兵的区别:士兵是接到一个命令,哪怕打到最后一发子弹,牺牲了,也要坚守阵地。而商人好像是在一个大厅,随时要注意哪个门能开,我就从哪出去,一直在寻找流动的机会并不断进出,来获取最大的商业利益。所以听完,我就心中有数了——我自己不是做商人的料。虽然可以很勤奋地去做,但从骨子里这不是我的优势。

在我职业生涯的前 15 年,我都是一直在做加法,做了主持人,我就要求导演:是不是我可以自己来写台词?写了台词,就问导演:可不可以我自己做一次编辑?做完编辑,就问主任:可不可以让我做一次制片人?做了制片人就想:我能不能同时负责几个节目?负责了几个节目后就想能不能办个频道?人生中一直在做加法,加到阳光卫视,我知道了,人生中,你的优势可能只有一项或两项。

在做完一系列的加法后,我想该开始做减法了。因为我觉得我需要有一个平衡的生活,我不能这样疯狂地工作下去,所以就开始做减法。那么今天我想把自己定位于:一个懂得市场规律的文化人,一个懂得和世界交流的文化人。在做好主持人工作的同时,希望能够从事更多的社会公益方面的活动。所以可能在失败中更能认识自己的优势,当然我也希望大家付出的代价不要太大就能了解自己的优势和缺陷所在。这一辈子你可以不成功,但是不能不成长。

我想说的是每个人都在成长,这种成长是一个不断发展的动态过程。

也许你在某种场合和时期达到了一种平衡,而平衡是短暂的,可能瞬间即逝,不断被打破。成长是无止境的,生活中很多是难以把握的,甚至爱情,你可能会变,那个人也可能会变;但是成长是可以把握的,这是对自己的承诺。

我们虽然再努力也成为不了刘翔,但我们仍然能享受奔跑。

可能有人会阻碍你的成功,却没人能阻止你的成长。

换句话说,这一辈子你可以不成功,但是不能不成长!

——摘自《党员文摘》 作者:杨澜

分享与感悟

▶ 分享

在当今社会，成功已成为生活的第一目标，然而更多的人却存在着不安全感和挫败感。我们每个人都有挫败感，是因为这个社会把成功定义的太狭隘了，如果成功的定义是狭隘的，那么成功的人永远是少数。那么，我们到底是应该选择成功还是成长？

1. 成功

成功不过是你的需要在某种场合或某个时期达到了一种平衡，而这种平衡是短暂的，可能瞬间即逝，并不断被打破。如果你的眼睛只是盯在成功上面，那么你永远也追赶不上快乐与幸福的脚步。

2. 成长

每个人都想成功，但并不是每个人都获得了成长。成功是一个点，而成长则是一个过程；成功源自外界评价，而成长则是一种内在知觉。它意味着你可以控制自己的情绪，管理自己的时间，掌控自己的人生；意味着你更好地爱自己，更好地理解别人的爱，更好地爱别人；意味着你有更宽广的胸怀来容纳世事，有更睿智的眼光去看清迷途，有更坚定的信念去固守责任……

总之，生活中引导和评判成功的主流价值观，是难以把握的，但是成长却牢牢地握在你的手里，那是你对自己的承诺。可能有人会阻碍你的成功，但没有人能阻止你的成长。换句话说，这一辈子你可以不成功，但不能不成长。

▶ 感悟

1. 谈谈你的感想：

_____

_____

_____

经典哲理故事

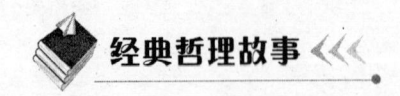

不要做杯子而要做湖泊

一位大师对他总是抱怨的弟子感到厌倦了。有一天，他派他的弟子去买盐。弟子回来后，大师吩咐这个不快活的年轻人抓一把盐放在一杯水中，然后喝了它。

"味道如何？"大师问。

"苦。"弟子吐了口唾沫。

大师又吩咐年轻人抓一把盐放进附近的湖里。弟子于是把盐倒进湖里，大师说："再尝尝湖水。"

年轻人捧了一口湖水尝了尝。大师问道："什么味道？"

"很新鲜。"弟子答道。"你尝到咸味了吗？"大师问。

"没有。"年轻人答道。

这时大师对弟子说道："生命中的痛苦就像是盐，不多，也不少。我们在生活中遇到的痛苦就这么多。但是，我们体验到的痛苦却取决于我们将它盛放在多大的容器中。"

所以，当你处于痛苦时，你只要开阔你的胸怀……

不要做一只杯子，而要做一个湖泊。

——摘自"读者网"

分享与感悟

▶分享

"人生好比一场足球赛，你不出脚就永远没有进球的可能，虽然出脚并不一定能进球。"足球场上敢拼敢抢，"该出脚时就出脚"，这便是积极进取的人生的精髓所在。然而该怎样做到积极进取呢？可以从自身和外界入手。

1. 对于自身，一定要从严要求，不能太多地原谅自己

无论准备得多么充分，都要迫使自己想得更远，考虑得更周密，并且要学会养成善于抓住问题的核心，进而去发掘自己没有意识到的潜能，这才是

我们的立身之本。

2. 在外界条件上，一定要善于抓住机会，哪怕只有万分之一的机会也不能放弃，正所谓"机不可失、时不再来"。

面对生活，还必须学会征服不幸，然后才能取得新的权力和获得新的荣誉，为此，克服软弱、奋发图强已成了生活的主要动机。再者，在追求的征途中，千万不要被外界环境所困扰，因为真正耽误我们成功的不是失败，而是对成功的恐惧。

▶感悟

1. 谈谈你的感想：

_____

_____

经典哲理故事

勇于承受

有一则寓言，说一个老婆婆，种了一大片玉米。秋天来了，一支颗粒饱满的玉米棒儿十分自信地说："老婆婆肯定先掰我，因为我是最棒的玉米！"

可是，老婆婆掰来掰去并没有掰到它，"她可能眼神不好，明天一定会把我掰走！"这支玉米棒儿自信地说道。第二天老婆婆又掰走了一些玉米，可这支玉米棒儿依旧没有被掰走。此后一连几天，老婆婆没有来，玉米棒儿有些沮丧地说："我以为自己是最好的，没想到我是最差的，唉，老婆婆可能丢下我不管了。"

以后的日子里，由于烈日的暴晒和大雨的洗礼，玉米棒儿原本饱满湿润的颗粒变得坚硬无比了，整个身体好像要爆裂了一般。可就在这时，老婆婆来了，一边摘下它，一边说："这可是今年最好的玉米哟，用它做种子，明年我一定会有更好的收成。"

玉米棒儿承受了风吹日晒，最终迎来了老婆婆的认可。承受，使它走向美丽和成熟；承受，使它彰显出生命的辉煌。

人生难免要承受。人生的旅途不可能一路平坦：生意亏本，爱情受挫，亲人别离，病魔缠身……面对这些灾难性的打击，不要计较一时的荣辱，也不要太在意别人的看法，相信自己，踏踏实实地走自己选定的路，认认真真地做好自己应该做的事，你也会成为"最棒的玉米"！

人生贵在承受。承受是一种涵养，一种处变不惊、临危不惧的气度和坦荡；承受是一种勇气，一种使出浑身解数、竭力负担、呼唤正气的形象和魄力；承受是一种力量，一种拒绝流俗、弘扬正气的凸显和舒展，是为了实现自我的一种磨炼，是为了寻求迸发所做的自我蓄积；承受是一种修养，一种潇洒，一种境界，一种伟大。

人生在承受中升华。史铁生在延安"插队"时，因病导致双腿瘫痪，当时年仅21岁。回到北京后，又因病情加重，只能在家疗养，然而，他没有放弃，承受住了病痛的折磨，在病床上写下了《我的遥远的清平湾》《我与地坛》等名篇佳作，用残缺的身体表达出了最为健全而丰满的思想。他用他所体验到的生命的苦难，苦苦追求人之所以为人的价值和光辉，仍旧坚定地向人类灵魂的深处迸发，这种勇气和执着深深地唤起了人们对自身所处境遇的思索。他也因此成为了当代中国最令人敬佩的作家之一。

让我们勇敢地承受吧，用承受支撑生活，在承受中战胜自我，超越自我，奉献社会，无愧后人。

生命需要承受，微笑着面对生活中应该承受的一切，你的人生一定会有意想不到的精彩！

——摘自《演讲与口才》 作者：王延群

分享与感悟

▶分享

生活中我们不能控制所有事情，当那些不能掌握的事情发生的时候，我们应该首先做到的是承受，然后才是面对它，进一步来改变自己的生活。这是一种积极的人生策略。

1. 要勇于接受挫折

美国哲学家、心理学家威廉·詹姆斯说："能够接受发生的事实，就是能克服随之而来的任何不幸的第一步。"

2. 要正确地探析挫折发生的原因

对造成挫折的原因进行实事求是的认识和分析，弄清挫折的原因到底是外部的还是内部的，或是内外部两种因素相互交织、共同起作用的。只有以积极的态度去冷静地分析遭受挫折的主、客观原因，及时找出失败的症结所在，才能从自身的实际出发，用切实的行动去促使挫折情境的改变。

3. 要调节抱负水平

心理学的研究表明，在形成人对活动的态度，以及形成动机——目标方面，活动中的成功与失败、个人的抱负水平具有十分重要的作用。成功会使人产生一种有所成就的感觉，即成功感、成就感，而使人受到鼓舞，使人提高信心，去达到新的目标；反之，达不到预期的目标，则会产生一种挫折感、失败感，从而引起焦虑和沮丧的情绪，降低抱负水平，丧失信心，甚至放弃做进一步努力的尝试。

所以，确定适度的抱负水平是避免挫折和失败、获得成功与自信、使自己得以顺利发展的一个重要环节。

▶感悟

1. 谈谈你的感想：

_____

_____

_____

第二篇 成功密码

习近平总书记寄语新青年:"志之所趋,无远弗届,穷山距海,不能限也。"对想做爱做的事要敢试敢为,努力从无到有、从小到大,把理想变为现实。广大青年既是追梦者,也是圆梦人。追梦需要激情和理想,圆梦需要奋斗和奉献。广大青年应该在奋斗中释放青春激情、追逐青春理想,以青春之我、奋斗之我,为民族复兴铺路架桥,为祖国建设添砖加瓦。

广大青年要树立正确的世界观、人生观、价值观,掌握了这把总钥匙,再来看看社会万象、人生历程,一切是非、正误、主次,一切真假、善恶、美丑,自然就洞若观火、清澈明了,自然就能作出正确判断、作出正确选择。正所谓:"千淘万漉虽辛苦,吹尽狂沙始到金。"

经典哲理故事

烧水的秘诀

一位青年满怀烦恼地去找一位智者:他大学毕业后,曾豪情万丈地为自己树立了许多目标,可是几年下来,依然一事无成。

智者微笑着听完青年的倾诉,对他说:"来,你先帮我烧壶开水!"

青年看见墙角放着一把极大的水壶,旁边是一个小火灶,可是没发现柴火,于是出去找。

他在外面拾了一些枯枝回来,装满一壶水,便烧了起来,可是由于壶太大,那捆柴烧尽了,水也没开。于是他跑出去继续找柴,回来的时候那壶水已经凉得差不多了。这回他学聪明了,没有急于点火,而是再次出去找了些柴,由于柴准备充足,水不一会就烧开了。

智者忽然问他:"如果没有足够的柴,你该怎样把水烧开?"

青年想了一会,摇了摇头。

智者说:"如果那样,就把水壶里的水倒掉一些!"青年若有所思地点了点头。

智者接着说:"你一开始踌躇满志,树立了太多的目标,就像这个大水壶装了太多水一样,而你又没有足够的柴,所以不能把水烧开,要想把水烧开,你或者倒出一些水,或者先去准备柴!"

青年恍然大悟。回去后,他把计划中所列的目标去掉了许多,只留下最近的几个,同时利用业余时间学习各种专业知识。几年后,他的目标基本上都实现了。

只有删繁就简,从最近的目标开始,才会一步步走向成功。万事挂怀,只会半途而废。另外,我们只有不断地捡拾"柴",才能使人生不断加温,最终让生命沸腾起来。

——摘自 2010 年第 5 期《意林》作者:纯静

分享与感悟

▶ 分享

1984年国际马拉松邀请赛冠军获得者山田本一，在其自传中这样介绍自己的成功秘诀："每次比赛之前，我都要乘车把比赛的线路仔细地看一遍，并把沿途比较醒目的标志画下来，比如第一个标志是银行；第二个标志是一棵大树；第三个标志是一座红房子……这样一直画到赛程的终点。比赛开始后，我就以百米的速度奋力地向第一个目标冲去，等到达第一个目标后，我又以同样的速度向第二个目标冲去。40多公里的赛程，就被我分解成这么几个小目标轻松地跑完了。"在人生的旅途中，我们稍微具有一点山田本一的智慧，也许就会少许多懊悔和惋惜。

▶ 感悟

你的大学目标是怎样的？又是如何实施的？请谈谈你的感受。

_____

_____

经典哲理故事

走出别人的脚印

18世纪末，在欧洲政坛上出现了一位最没有规矩的人物——拿破仑。

他从政没有规矩：一个没有贵族血统、没有门第背景的人，却靠娶了一个有钱的寡妇而跻身法国政坛。

他打仗没有规矩：别人都是列着队、敲着鼓走到跟前了再放枪，可他打仗是先用大炮轰，然后再让骑兵冲上去一顿乱砍。拿破仑曾下达过一条著名的指令："让驴子和学者走在队伍中间。"在拿破仑的远征军中，除了2000门大炮外，还带了175名各行业的学者以及成百箱的书籍和研究设备。

他用人没有规矩：除了法国，当时没有任何一个欧洲国家的元帅是鞋匠、木工、小摊贩，可他的26位元帅中，有24位是出身于此类的平民。

他甚至连加冕都没有规矩：别的皇帝都是跪下让教皇把王冠给他戴上，他竟然是站起来抓过王冠，自己给自己戴上的！

总之，如同当时欧洲的贵族们怒斥的那样：拿破仑这个土匪是世界上最没有规矩的人！

但是他们又不得不臣服于拿破仑，并且按照拿破仑给他们制定的规矩生活，因为按照他们自己的规矩，他们都打不过拿破仑。拿破仑的铁蹄踏遍了整个欧洲，欧洲历史上所有的军事强国全都一一败在他的手上……

规矩是一种标准、法则和习惯，合乎标准和常理的人总是规矩最忠实的践行者，但他们终生踏着别人的脚印走路，毫无创意可言。

只有被苹果撞头、想到万有引力的牛顿，看到太阳、质疑天圆地方的哥白尼，才是社会发展的推动者。他们忍受着不被人理解的困扰和庸碌者无知的嘲笑，以孜孜不倦的科研热情证实了自己的猜想，奠定了自己不可撼动的地位，并为后来者指明了一条创新、创业的发展之路。唯有这些敢于打破陋俗、勇于质疑陈规的人，才能在历史中脱颖而出，成为时代进步的先锋。

走出别人的脚印，另辟一条蹊径，你的人生也会因此不同。

——摘自"励志坊"网站

分享与感悟

▶分享

"不以规矩，不能成方圆"，无非就是强调做任何事都要有一定的规矩、规则、做法，否则无法成功。强调规矩，不是墨守成规、因循守旧，而是要求我们在遵循客观规律的前提下，乐于思考，敢于实践。

▶感悟

一条创意可以打赢一场战争

一条创意可以救活一个企业

一条创意可以改变一个人的一生

一条创意可以创造一个奇迹

一条创意可以……

经典哲理故事

一封写给初涉社会的学生的智慧书信

祝贺你们，毕业生，欢迎来到现实社会！这里没有寒暑假，圣诞节的假期也不会像以前那样从 12 月 24 日夜晚直到包裹节日礼品的纸张脱落为止。

你所要学的课程是很艰难的，难以预告何时开课。为了帮助你进入社会，一些先行者已经积累了许多有益的建议和忠告。好好地遵循这些忠告吧，它们可比你所学的那些法语副词有用得多。

在这个现实社会里：

千万别理睬那些寻找"慷慨大度的同宿者"的广告，你自己可能就没有那么"慷慨大度"。

每天下班后和你的那些朋友们喝酒闲聊可不是好事。注意你的上司可不干这事，这就是为什么他能当头而其他人只能当下手的原因。

不要为你的汽车装设新的立体声音响，别花冤枉钱。相反，买一张标签贴在汽车窗玻璃上，上书"音响装置已被盗"。

买一个带闹铃的钟，以便按时叫醒你。

可别和被她父亲称为"公主"的小姐约会，她可能真的自以为是公主呢。也别和上街买东西仍然跟着父母转的男人约会，父母不能跟一辈子。

没有人会把一辆没有任何毛病的汽车转手卖掉。

千万别相信你的房主会在你搬进后再修缮房屋。

人寿保险确实适合于已婚夫妇，但是最大受益者还是保险公司。

如果你不喜欢你现在的工作，要么辞职不干，要么就闭嘴不言。

如果你被邀参加一个婚礼，记住送上一件小小的礼品。否则别指望轮到你结婚时会宾客盈门。

世上没有一种能够自行清洗的炉灶，不论干什么事总是有许多善后的工作要做。

对小人物要友好些，别太傲了，因为你现在也只是个小人物。

年轻的少女，留心点，可别以为一个人看上去像你父亲，就会像你父亲那样待你。年轻的小伙，先注意对方的戒指戴在哪个手指上，然后再打主意。

和想要录用你的老板面谈时，千万不要嘴里嚼着口香糖，要规矩点。

从现在开始决定在你的墓碑上该写上什么："他一生很喜欢自己选择的事业"，还是"他工作报酬很高，但他恨这个工作"。

千万不要因为自己已经到了结婚的年龄而草率结婚。要找一个能和你心心相印、终身厮守的伴侣。

每个人都有孤独的时候，要学会如何忍受孤独，这样你才会成熟起来。

如果你是个明智的人，就一定会承认和正视上述的问题。

好好学吧，这要有耐心。

——摘自《读者》 作者：万斯·史密斯

分享与感悟

▶分享

三年前，你还是一个初入校园的大一新生，三年后，你面临毕业走向社会。在成长的过程中，我们应该怎样调整自己？如何设定更高的理想，并对生命有更深的体会？万斯·史密斯方方面面的叮咛和提醒，或许让你有醍醐灌顶、如沐春风之感。

▶感悟

1. 请谈谈你的成长感悟：

_____
_____
_____
_____

经典哲理故事

不要看远处的东西

有一位年轻的医科毕业生威廉·奥斯勒爵士,他的成绩并不差,但临毕业时却整天愁容满面。如何才能通过毕业考试,毕业后要到哪里去找工作,工作如果不称心怎么办,怎样才能维持生活……这些问题像蛛丝一样缠绕着他,使他充满了忧虑。

有一天,他在书上读到一句话:不要去看远处模糊的东西,而要动手做眼前清楚的事情。看到这句话后,他彻底改变了自己的人生,脱离了那种虚无缥缈的苦海,脚踏实地地开始了创业历程。最后,他成为英国著名的医学家,创建了举世闻名的约翰·霍普金斯医学院,还被牛津大学聘为客座教授。

威廉·奥斯勒爵士开始时的那种心境也许我们大家都经历过。在生活中,我们常会不自觉地给自己戴上望远镜,盯着时隐时现的地方,制订长期发展的宏伟目标。我们常常看到很远的地方,却看不到眼前的景色;我们拼命地追赶,但在望远镜里看到的永远是下一个目标。我们感到沮丧,感到理想离自己越来越远,感叹人生非常艰难。当有一天有所感觉,摘下强加给自己的望远镜,才发现每一个被自己忽视过的地方都阳光明媚、鸟语花香。

有一个外国年轻人,小时候卖过报纸,做过杂货店伙计,还当过图书馆管理员,日子过得很紧。几年后,他下定决心,用50美元开创出一片基业。一年后,他果真有了几万美元。但当他雄心勃勃准备大干一场时,存钱的那家银行破产倒闭,他也随之一贫如洗,还欠了两万美元的外债。万念俱灰的他得了一种怪病,全身溃烂,医生说只有3周的时间可以存活,绝望的他写了遗嘱,准备一死了之。

就在这时,他突然看到一句话,幡然醒悟。他抛开忧虑和恐惧,安心休养,身体慢慢得到恢复。几年后,他成了一家大公司的董事长,开始雄霸纽约股票市场。他,就是大名鼎鼎的爱德华·伊文斯。他看到的那句话是:生命就在你的生活里,就在今天的每时每刻中。

其实,两个人看到的两句话,我们可以概括成一句:生命只在今天,不要为明天忧虑。最主要的是欣赏自己眼前的每一点进步,享受每一天的阳光。

——摘自"读者网"

分享与感悟

▶分享

过去的就是过去的了,你不能回到从前,更不能从头来过;未来尚未到来,未来是属于未知的,你我都不能把握。生命就在你的生活里,就在今天的每时每刻中。给过去画上一个完美的句点,它会让你对现在有一个清醒的认识;不看远处的东西,让现在承载未来,它会让你对未来充满自信和勇气。

▶感悟

1. 谈谈你的感想:

经典哲理故事

平庸是因为没有激发潜能

44岁那年,她下岗了,丈夫一年前也下了岗,儿子正在大学念书,她是家里的顶梁柱,而下岗使她这个家里的顶梁柱遭到了沉重一击。但是她不能倒下,所有的眼泪和痛苦都必须咽下,她还要继续支撑这个家。

她在街上摆了个摊,卖早餐。没下岗的时候,她每天都是7点半起床,不慌不忙的。现在,她必须每天5点前起床,收拾收拾就去摆摊。她的胆子仿佛一下子变大了,以前在单位,大会上领导点她发言,她面红耳赤、心跳加速、说话结结巴巴,惹得哄堂大笑。而摆摊以后,她的嗓门一下子亮起来,对着街上来来往往的人高喊:"油条,新出锅的油条啦!""八宝粥,又卫生又营养的八宝粥啦!"有些时候,她还会编出些新词,引得来往的行人不时地将目光投向她,生意自然也不错。邻近摊位的摊主都说她是做生意的料,根本不像个新手。第一个月,她粗粗结算了一下,赚了2300多元钱,整整比下岗前的工资多 1000 多元钱，她显得兴奋异常。虽然比以前累了些，但她却很高兴，心里豁亮了起来。

由于生意很好，她一个人确实忙不过来，就说服骑三轮拉客的丈夫跟她一块儿出摊，丈夫爽快地答应了。夫妻俩同心协力，开始了新的人生旅程。他们从卖油条和粥开始，到租个门面房卖饺子、卖小吃，再到开面食加工厂，8 年时间，她从一位下岗女工成为有着 800 多万资产的民营企业的厂长。这期间，她遭遇了不少困难，吃了不少苦，但是最终她成功了，被当地政府评为"再就业明星""市三八红旗手"。

在河北省廊坊市，说起她——姜桂芝，人人都竖起大拇指。在接受记者采访、谈到自己的经历时，姜桂芝这位很朴素的女强人说了这样一段话："我实在想不到我的今天会是这么好，以前总觉得自己很平庸，做什么都不成，在单位混口饭吃就满足了。可一下岗，我整个人都变精神了，才觉得自己可以做的事情很多，自己也可以做一番事业。如果不是下岗，恐怕我就浑浑噩噩过一辈子了。"

生活中，有多少人在浑浑噩噩过日子呢？有多少人在安逸的生活中懈怠呢？有多少人认为自己没有什么本事就安于现状、不思进取呢？有些时候，我们需要一种危机来激发我们自身的潜能，唤醒我们内心深处被掩藏已久的人生激情，来实现人生的最大价值。人的平庸，多数不是因为自身能力不够，而是因为安于现状、不思进取，没有激发自己的潜能，在平淡、机械的生活中埋没了自己。不要总羡慕别人头上的光环，其实你也有能力给自己戴上美丽的花冠。

——摘自"读者网"

分享与感悟

▶分享

人的潜能犹如一座待开发的金矿，蕴藏无穷，价值无比，我们每个人都是一座潜能金矿。并非大多数人命里注定不能成为"爱迪生"，只要发挥了足够的潜能，任何一个平凡的人都可以成就一番惊天动地的伟业，都可以成为一个新的"爱迪生"。

▶ 感悟

1. 谈谈你的感想：

_____

_____

经典哲理故事

给自己一片悬崖

一位原籍上海的中国留学生刚到澳大利亚的时候，为了寻找一份能够糊口的工作，他骑着一辆旧自行车沿着环澳公路走了数日，替人放羊、割草、收庄稼、洗碗……只要给一口饭吃，他就会暂且停下疲惫的脚步。

一天，在唐人街一家餐馆打工的他，看见报纸上刊出了澳洲电讯公司的招聘启事。留学生担心自己英语不地道，专业不对口，他就选择了线路监控员的职位去应聘。过五关斩六将，眼看他就要得到那年薪三万五的职位了，不想招聘主管却出人意料地问他："你有车吗？你会开车吗？我们这份工作时常外出，没有车寸步难行。"

澳大利亚公民普遍拥有私家车，无车者廖若星辰，可这位留学生初来乍到还属无车族。为了争取这个极具诱惑力的工作，他不假思索地回答："有！会！"

"4天后，开着你的车来上班。"主管说。

4天之内要买车、学车谈何容易，但为了生存，留学生豁出去了。他在华人朋友那里借了500澳元，从旧车市场买了一辆外表丑陋的"甲壳虫"。第一天他跟华人朋友学简单的驾驶技术；第二天在朋友屋后的那块大草坪上模拟练习；第三天歪歪斜斜地开着车上了公路；第四天他居然驾车去公司报了到。时至今日，他已是澳洲电讯的业务主管了。

这位留学生的专业水平如何我无从知道，但我确实佩服他的胆识。如果他当初畏首畏尾地不敢向自己挑战，决不会有今天的辉煌。那一刻，他毅然决然地斩断了自己的退路，让自己置身于命运的悬崖绝壁之上。正是面临这种后无退路的境地，人才会集中精力奋勇向前，从生活中争得属于自己的位置。

给自己一片没有退路的悬崖，从某种意义上说，是给自己一个向生命高地冲锋的机会。

——摘自"读者网"

▶分享与感悟

▶分享

头顶是高峰，脚底是悬崖，我们只能去攀爬。人的潜能是一种无穷的力量，它就像你心中沉睡着的一头猛虎，若能唤醒它，其威力足以铲平成功路上的一切障碍。

▶感悟

1. 谈谈你的感想：

_____

_____

经典哲理故事

人格是最高的学位

很多很多年前，有一位学大提琴的年轻人去向本世纪最伟大的大提琴家卡萨尔斯讨教：我怎样才能成为一名优秀的大提琴家？卡萨尔斯面对雄心勃勃的年轻人，意味深长地回答：先成为优秀的人，然后成为一名优秀的音乐人，再然后就会成为一名优秀的大提琴家。

听到这个故事的时候，我还年少，老人回答时所透露出的含义我还理解不多，然而随着采访中接触的人越来越多，这个回答就在我脑海中越印越深。

在采访北大教授季羡林的时候，我听到一个关于他的真实故事。有一个秋天，北大新学期开始了，一个外地来的学子背着大包小包走进了校园，他实在太累了，就把包放在路边。这时正好一位老人走来，年轻学子就拜托老人替自己看一下包，而自己则轻装去办理手续，老人爽快地答应了。近一个小时过去，学子归来，老人还在尽职尽责地看守。谢过老人，两人分别。几日后是北大的开学典礼，这位年轻的学子惊讶地发现，主席台上就座的北大副校长季羡林正是那一天替自己看行李的老人。

我不知道这位学子当时是一种怎样的心情，但在我听过这个故事之后却强烈地感觉到：人格才是最高的学位。这之后我又在医院采访了世纪老人冰心。我问：先生，您现在最关心的是什么？老人的回答简单而感人：是年老病人的状况。

当时的冰心已接近人生的终点，而这位在"五四"爆发那一天开始走上文学创作之路的老人心中对芸芸众生的关爱之情历经近80年的岁月而依然未老。这又该是怎样的一种传统！

冰心的身躯并不强壮，即使年轻时也少有飒爽英姿的模样，然而她这一生却用自己当笔，拿岁月当稿纸，写下了一篇关于爱是一种力量的文章，然后在离去之后给我留下了一个伟大的背影。

今天我们纪念五四，八十年前那场运动中的呐喊、呼号、血泪都已变成一种文字停留在典籍中，每当我们这些后人翻阅的时候，历史都是平静地看着我们，这个时候，我们觉得，八十年前的事已经距今太久了。然而，当你有机会和经过五四或受过五四影响的老人接触后，你就知道，历史和传统其实一直离我们很近。世纪老人在陆续地离去，他们留下的爱国心和高深的学问却一直在我们心中不老。但在今天，我还想加上一条，这些世纪老人所独具的人格魅力是不是也该作为一种传统被我们向后延续？

前几天我在北大听到一个新故事，清新而感人。一批刚刚走进校园的年轻人，相约去看季羡林先生，走到了门口，却开始犹豫，他们怕冒失地打扰了先生。最后决定，每人用竹子在季老家门口的土地上留下问候的话语，然后才满意地离去。

这该是怎样美丽的一幅画面！在季老家不远，是北大的伯雅塔在未名湖中留下的投影，而在季老家门口的问候语中，是不是也有先生的人格魅力在学子心中留下的投影呢？只是在生活中，这样的人格投影在我们的心中还是太少。

听多了这样的故事，便常常觉得自己是只气球，仿佛飞得很高，仔细一看却是被浮云托着；外表看上去也还饱满，但肚子里却是空空。这样想着就有些担心啦，怎么能走更长的路呢？于是，"渴望年老"四个字对于我就不再是幻想中的白发苍苍或身份证上改成六十岁，而是如何在自己还年轻的时候，便能吸取优秀老人身上所具有的种种优秀品质。于是，我也更加知道了卡萨尔斯回答中所具有的深义。怎样才能成为一个优秀的主持人呢？心中有个声音在回答：先成为一个优秀的人，然后成为一个优秀的新闻人，再然后是自然地成为一名优秀的节目主持人。我知道，这条路很长，但我将执着地前行。

——摘自《痛并快乐着》 作者：白岩松

分享与感悟

▶分享

当今社会生活中，为人处世的一个必备要素就是要具备人格魅力。送人玫瑰，手有余香。当你为他人、为社会做出了自己的努力、奉献，甚至是牺牲，自然就会得到回报，这种回报最重要的是心灵的升华。

▶感悟

1. 谈谈你的感想：

_____

_____

经典哲理故事

把要实现的目标写在纸上

我建议你把这一年里的目标写在一张纸上，再把生活或长远的目标写在另外一张纸上；你的目标要不只一项，但生活各方面主要的目标最多只能有一项，也就是说，不要有互相冲突的目标。

你也可以把目标写在卡片上随身携带，经常用来参考，也可以把目标深埋在心中。

理清你的目标时，你要回答两个根本的问题：我想成为什么样的人？我想做什么事？明确地写出你的答案。比方说，如果你想当作家，那么你想要写小说呢，或是报纸专栏，还是为杂志自由投稿？尽可能明确。写下你的目标只是个开始，不过你总是要从一个地方开始。正如有句话说：与其诅咒黑暗，何不点起蜡烛？

跨越你和目标之间距离的第二部分是"行动"。目标不是梦想，而是由行动所支持的梦想。我们拥有的一切，从房屋到玩具，全不过是想法被付诸行动的结果。不要等情况完美了以后再去做，情况永远也不会完美。明天、等一下、下礼拜、下个月或者明年等字眼，通常是"绝对不会"这个失败字眼的同义字。"总有一天"的通常意思是"一辈子休想"，所以你现在就发动、出发吧。如果你害怕无法完成一件事，就要把忧虑的时间转变成做事的时间。

成功的人知道万事起头难，但是一直拖着不起头，并不会使事情由难变简单，反而会减少你去做的决心。

决定你采取行动的，不是你知道某件事，而是你的感觉。对你想法的感觉决定了你要怎么做。"动力情绪"之所以如此重要，正是这个原因，尤其当你将它运用在热诚上时。当你的感觉够强烈，你会做一切必要的行动将这种感觉化为行动。人生苦短，你可能认为自己可以做到，那么你要什么时候开始？

跨越你和目标之间距离的第三个部分是"坚持"。运用"动力情绪"的人，他们的生活哲学是绝不轻言放弃。如果你有目标也有计划，还有因"动力情绪"的运用所生发出的意愿和信心，你会愿意坐下来并且放弃吗？

路口灯亮了，你会踩刹车，把排挡放到空挡，火车驶过之后，你就继续前进，但是你绝对不会把排挡推到倒挡，掉头回去。如果你正在路上开车，遇见一个"道路封闭"的牌子，你不会在那里搭营过夜，也不会开回家。路上的牌子只表示你不能从这条路走到你的目的地，你可以走另外一条路。

许多人遇到生命中的"绕道行驶"，认为这条路就到此为止，要知道，路上还是会有路标告诉你要如何绕道前进，你只需要去找去看，然后依循前进，最后会走上正路的。

许多成功的人发现他们最大的成功是经历最大的失败后跨过一步就得到的。因此当你快要接近目标时遇上了问题，千万不要放弃，你最大的成功很可能就在你全面失败的后面一步。且让我告诉你三个关于坚持的秘诀。

坚持目标，不一定坚持方法。我们常听别人鼓励我们坚持下去，但是坚持目标却不见得一定要坚持策略。不妨将坚持和实验精神结合。

爱迪生发明电灯之前，曾经进行过上千次的实验。注意，他是以"不同"方式进行实验。每一次的失败代表他又知道一种不能用的方法，而使他又接近成功一步。不必急着放弃一种方法，但是你在某个程度时或许就必须改变策略。然而目标始终是同样的，不必放弃。

目标和原因。目标告诉你所追寻的是什么，但是你也必须确定你为什么要定下这个目标，也就是达成目标后会有什么好处。当你追寻目标之途变得艰辛，却还得继续坚持之时，通常推动你继续努力的就是这些原因，而不仅只是目标本身。所以你也要把目光放在好处上。

成功者也可以使用正当借口。成功人士也可以有和失败者相同的理由。如果你研究成功者的生平，你会发现他们不会使用我们时常听到的低成就者的借口。

有些人永远找得到借口鞠躬下台，而不肯改正错误，继续前进。找个借口，把错误一犯再犯，把事情怪罪到父母、环境、身体差、年纪大、年纪小，是件危险的事，借口会浪费时间、精力，妨碍问题的解决。

当你说"有办法解决"的时候，就算你还不知道下一步该怎么办，你也会将负面转为正面。类似的思想和感觉会互相吸引：如果你说"已经无计可施了"，于是各种负面思想互相吸引，说服你认为你是对的，果然是山穷水尽了；如果你相信问题总有办法解决，那么正面的思想就会互相吸引，而根据你感觉的力量大小去帮助你找出问题的解决方法。

——摘自"读者网"

分享与感悟

▶ 分享

一位名人说："我们对自己的生活都有一些梦想，这些梦想是一个人的能源，是推动我们每天不断向前的力量，没有人生来就是成功的，也没有人生来就是辉煌的。只有当我们将成功与辉煌作为我们的目标并为之不断奋斗时，我们的生命才会壮丽多彩。"设立明确的目标，就是要将梦想、理想具体

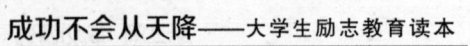

化，这是所有成功的出发点。

▶感悟

1. 谈谈你的感想：

___

经典哲理故事

成功起点在于你的进取心

在任何一个公司中，最赚便宜的是两种人，一种人勇于开拓进取，收获是自己的，失败是上司或老板的，更重要的是，这种人把自己的退路留给了老板或上司去照顾。另一种人是有开放心态的人，他们谦虚，他们可以有效接受别人的看法，所以他们的成功比别人快得多，自然收获也大！

1. 进取心是成功的起点

有了进取心，我们才可以充分挖掘自己的潜能，实现人生的价值，充分享受人生的甘美。我们才能扼住命运的喉咙，把挫折当作音符谱写出人生的激情之歌。我们才能在生命中时刻充满青春的激情和朝气。

一个人的心胸有多大，舞台就有多大。进取心和想象力是成功的起点，也是最重要的心理资源。目光高远，时刻想着提高和进步，是成功者最重要的习惯。

进取心塑造了一个人的灵魂。我们每个人所能达到的人生高度，无不始于一种内心的状态。当我们渴望有所成就的时候，才会冲破限制我们的种种束缚。如果一头牛不想喝水，你无法按下它的头；而一个不想进步的员工，即使拿鞭子抽他，他也不可能有出色的表现。一个没有进取心的人，我们怎么能奢望他付出更多的努力去培养其他的良好习惯呢？

进取心是人类智慧的源泉，它就好像从一个人的灵魂里高竖在这个世界上的天线，通过它可以不断地接收和了解来自各方面的信息。它是威力最强大的引擎，是决定我们成就的标杆，是生命的活力之源。

有了进取心，我们才能像保尔·柯察金那样在死神和病魔面前保持"不因碌碌无为而羞愧，不因虚度年华而悔恨"的从容和自信，在生命中时刻充满青春的激情和朝气。

2. 企业需要具有高度进取心的人

微软全球高级副总裁、前微软中国研究院院长李开复曾经说过："三十年前，一个工程师梦寐以求的目标就是进入科技最领先的 IBM。那时 IBM 对人才的定义是一个有专业知识的、埋头苦干的人。斗转星移，事物发展到今天，人们对人才的看法已逐步发生了变化。现在，很多公司所渴求的人才是积极主动、充满热情、灵活自信的人。"

钢铁大王曾经说过："有两种人绝不会成大器，一种是非得别人要他做，否则绝不主动做事的人；另一种人则是即使别人要他做，也做不好事情的人。那些不需要别人催促，就会主动去做应做的事，而且不会半途而废的人必将成功，这种人懂得要求自己多付出一点点，而且做得比别人预期的更多。"

哪个公司都喜欢那些真正想干点事情的人。这些人往往能自觉地、积极地进行努力，并能不屈不挠地把思想付诸行动，影响和带动周围的人去工作。一个人如果进取心不足，在工作中抱应付态度，自然不会提出主动性建议，也不会去开拓工作的新局面。

企业都清楚员工的需求，也知道满足这些需求很重要，但在招聘时，他们关心的主要问题仍然会是："这个人能为我们企业做什么？"企业所寻找的，是那种有动力和热情、能够证明自己确实为企业做出贡献的人。

《追求卓越》的作者被认为是当代最杰出的管理专家之一，在一次讲演中，他引用了一位咨询专家的话，他评价说，这句话可能是英语语言中最重要的话。你猜得到这句话是怎么说的吗？

这句话是："如果你说不出你能怎样使公司受益，那你就该走人了！"

这句话和我们每个人的职业生涯息息相关，影响我们的命运，决定我们的前途，对于这句话的重要性怎样高估都不过分。

这就是商业社会的伦理法则。

任何一个员工，都不能只是被动地等待别人告诉你应该做什么，而是应该主动去了解自己应该做什么，还能做什么，怎样精益求精做到更好，并且认真规划它们，然后全力以赴地去完成。想想今天世界上的那些成功者，有几个是懒懒散散、等人吩咐的人？对待自己的分内之事，需要的是以一个母亲对孩子那样的责任心和爱心全力投入、不断努力。你的成果本身就是你的孩子，你的工作就是你在这个世界上存在的证明，可是扪心自问一下，你真的做到了具有像母亲那样的责任感了吗？果真能做到这一点，便没有什么目标是不能达到的。

——摘自"读者网"

分享与感悟

▶分享

进取心指的是一种不断地超越自我、不满足于现状、坚持不懈地向新的目标追求的蓬勃向上的心理状态。如果没有进取心，我们就会永远停留在一个水平上，正如鲁迅先生所说："不满是向上的车轮。"如果我们没有进取之心，早晚会被有能者取而代之，到时候就会欲哭无泪了。你希望自己是什么样的人，你就会向什么方向发展，以后你就会倾力成为这样的人。

▶感悟

1. 谈谈你的感想：

_____
_____
_____

经典哲理故事

自信托起成功的奠基石

记得还在很小的时候，爸妈给我买了一件很漂亮的新衣，它的漂亮，来自于它款式的新潮，在大街上看不到这样的款式。我在房间里穿着新衣服，觉得很漂亮，但是不敢跨出家门，害怕路人的目光。却不曾换个位置来思考，如果自己在街上遇见一个穿着与众不同的路人，就算感觉有点奇怪，我会认为他是犯罪，会走上前去，大叫一声："站住，你穿得太奇怪了！"会那样吗？不会！

记得有位名人说过，这个世界上最大、最强的敌人是自己，做任何事情，最难过的，也是最先要过的，是战胜自己。就像那个小时候的我，连自己这一关都过不去，那么在别人那里，战斗都没打响，就已经失败了，别人连看的机会都没有，你怎么可能在别人面前树立起一个漂亮小孩的形象？

自信，是建立在对自己客观的、正确的评估基础上的，否则就是盲目的自信，那会把你带向反面。明明自己五音不全，却要梦想着去当歌星，坚持走下去，只能是浪费自己的时间，失去在别的方面成功的机会。

自信，是可以从某些实际行为中得到体现和培养的，如：

1. 开会时，挑前面的第一排位子坐，而不是隐藏在最后拥挤的人群中。

2. 与人交谈时，敢于正视别人的目光，而不是转向左右，或者低头看地。

3. 把你走路的速度加快25%，用你坚定的步伐告诉整个世界："我要到一个重要的地方，去做很重要的事情，更重要的是，我会在15分钟内成功。"

4. 练习当众发言，时刻不忘在众人面前展示自己，告诉他们，我是最棒的。

5. 敢于咧嘴露齿大笑，在某些场合咧嘴露齿，不但不是不礼貌，反而显得你朴实、自信。

自信，仅仅是一种指导思想，是一种意识形态，光有自信，成功不会从天而降，成功需要你在自信的基础上付出努力，克服困难，不断坚持，成功更需要的是实实在在的行动。

——摘自"读者网"

分享与感悟

▶ 分享

相信自己行，才能大胆尝试，接受挑战。在尝试中，会有些失败和错误。如果我们相信爱迪生所说的"没有失败，只有离成功更近一点儿"，那么，对于前进过程中的问题、困难乃至失败，就能看得淡一点儿，从容应对，把注意力集中到完成任务上，不断增强实力。而实力，才是撑起信心的最重要支柱。

▶感悟

1. 谈谈你的感想：

_____

_____

经典哲理故事

能救你的只是你自己的奋斗

唐纳德认为妈妈是个了不起的女人。他的爸爸因心脏病去世时，哥哥5岁，而他才21个月大。他的妈妈虽无一技之长，又没有受过教育，却依然担负起抚育两个孩子的责任。

唐纳德9岁时找到了一份在街上卖《杰克逊维尔日报》的工作，他需要那份工作是因为他们需要钱，虽然是那么一点点钱。但是唐纳德害怕，因为他要到闹市区取报、卖报，然后在天黑时坐公共汽车回家。他在第一天下午卖完报后回到家，便对妈妈说："我再不去卖报了。"

"为什么？"她问道。

"你不会要我去的，妈妈。那儿的人粗手粗口，非常不好。你不会要我在那种鬼地方卖报。"

"我不要你粗手粗口，"她说道，"人家粗手粗口，是人家的事。你卖报，不必跟他们学。"

她并没吩咐唐纳德该回去卖报，可是第二天下午，他照样去了。那天稍晚时候，唐纳德在圣约翰河上吹来的寒风中冻得要死，一位衣着考究的女士递给他一张5美元的钞票，说道："这足够付你剩下的那些报纸钱了；回家吧，你在这外面会冻死的。"结果，唐纳德做了他确信妈妈也会做的事——谢谢她的好心，然后继续待下去，把报纸全卖掉后才回家。他知道：冬天挨冻是意料中的事，不是罢手的理由。

等到唐纳德长大了以后，每次要出门时，妈妈都会告诫他："要学好，要做得对。"人生可能遇到的事，几乎全用得上这句话。

最重要的是，她教他一定要苦干。她会说："要是你的牛陷在沟里，哪怕是天冻得连眼珠都会裂开，或者下雨，再或不论你喜不喜欢，甚至你不舒服，你还是需要把牛拉上来。"

没有人会像奇迹一般出现前来救你。能救你的只有你的苦干决心和奋斗出头的决心。

——摘自"读者网"

分享与感悟

▶分享

有位著名企业家曾经这样说："狮子故意把自己的小狮子推到深谷，让它从危险中挣扎求生，这个气魄太大了。虽然这种作风太严格，然而，在这种严格的考验之下，小狮子在以后的生命过程中才不会泄气。在一次又一次地跌落山涧之后，它拼命地、认真地、一步步地爬起来。它自己从深谷爬起来的时候，才能体会到'不依靠别人，凭自己的力量前进'的可贵。狮子的雄壮，便是这样养成的。"

▶感悟

1. 谈谈你的感想：

经典哲理故事

人生就是一顿自助餐

曾读过一篇文章：一位老人在全世界旅游，一次在曼哈顿的一间餐馆想找点东西吃，他坐在空无一物的餐桌旁，等着有人拿菜单来为他点菜。但是没有人来，他等了很久，直到他看到有一个女人端着满满的一盘食物过来坐在他的对面。

老人问女人怎么没有侍者，女人告诉他这是一家自助餐馆。果然，老人看见有许多食物陈列在台子上排成长长的一行。"从一头开始你挨个地拣你喜欢吃的菜，等你拣完到另一头，他们会告诉你该付多少钱。"女人告诉他。

老人说，从此他知道了在此地做事的法则："在这里，人生就是一顿自助餐。只要你愿意付费，你想要什么都可以，你可以获得成功。但如果你只是一味地等着别人把它拿给你，你将永远也成功不了。你必须站起身来，自己去拿。"

人生是一顿自助餐，说得多好啊！自助，就意味着你要靠自己，要主动出击，寻找机会。成功固然需要机遇，但是幸运女神不会垂青于守株待兔的人。

在生活中，我们常常看到这样的例子：两个人一同大学毕业，但是几年后，两个人的境况却有天壤之别。我们也常常看到一些成功者和失败者的例子：有人满腹才华却无出头之日，有人却能大展身手、游刃有余……才华固然重要，但是，才华不等于成功。成功还需要自己去打拼、去争取、去营造。

世事沧桑，物是人非，"是金子总会发光""酒香不怕巷子深"的年代正在悄然发生变化。一首歌词唱得好，"不是我不明白，而是这世界变化快……"是啊，在这激烈竞争的年代，优胜劣汰不仅是自然法则，也是人生法则。如何在这世界上寻求一席之地呢？老人说得好："人生就是一顿自助餐。只要你愿意付费，你想要什么都可以。"各种各样的东西摆放在那里，只要你有能力支付得起。但是，你如何能够支付得起你想要的东西呢？你只有成功，而"如果你只是一味地等着别人把它拿给你，你将永远也成功不了。你必须站起身来，自己去拿。"

——摘自"读者网"

分享与感悟

▶分享

有人进步快，有人进步慢，为什么？

有人被动工作，有人主动工作！

被动——任务；主动——品质。

主动吃亏吗？被动等来了什么？

被动完成的是任务！主动做事才是品质！

▶ 感悟

1. 谈谈你的感想：

_____

_____

_____

经典哲理故事

篮球与成功

有一个篮球教练，他在训练时，先讲清楚投篮要领，然后把队员分成两组，一组在场上练习，另一组在场边观看。他对观看的这组提出了要求：不是被动地观看，而是把投篮动作一遍遍在脑子里完成，一遍遍想象着篮球入筐的情景。半堂课下来，他对两组的投篮效果进行检验，结果发现竟相差无几。而更重要的是，场边的一组经过一段时间的有球练习，比另一组进步更快。

这个故事能引出的话题很多，比如勤奋、爱动脑子，等等。但我觉得，这更像一个讲述成功学的范例。

对于一个篮球运动员来说，什么是成功？毫无疑问，那就是投篮得分。不管是远投、中投、打板入筐还是灌篮，总之，球要进到筐里去。在寻找通往成功的方式时，场边一组成功的秘诀在于：他们手中看似无球，实际头脑中却有球，在头脑中，他们已一遍又一遍地走在了通往成功的路上，并取得了一次又一次的成功。

可见，想象中的成功对于后来真正的成功是多么重要。很多人都在羡慕那些看上去似乎是一夜成功的人，可是，大多数人都只看到了他们成功的一面，却没有意识到在成功的背后，他们为达到目标所做的准备。如果说成功确实有什么偶然性的话，这种偶然的机会也只会垂青那些有准备的人。

有一个真实的故事：几年前，两个乡下女孩来到大城市寻求发展，她们合租了一间房子同住。这两个女孩都因为家境贫困而辍学，但她们希望能在这里找到一份待遇不错的工作，有一天能过上幸福的生活。虽然两人的条件都差不多，但让人吃惊的是，她们后来的遭遇却迥然不同。

其中一个女孩，早早就开始为她的未来做准备。最初，她只是在一家宾馆做清洁卫生的工作，但她非常认真，而且在业余时间里到附近的培训学校选修了酒店管理的课程，她还注意矫正自己的乡下口音和一些都市人所难以接受的习惯。现在，她已经成了这家宾馆服务部的经理，后来还与一位年轻有为的律师结了婚，她终于得到了她想要的幸福。

在生活或工作中，我们也会时时碰到有球或无球的问题。这里的球，可理解为工具、机遇、帮助，等等。是的，世界是不公平的，它不会让你永远都握有球，但关键是无球的时候你怎样做，是悠闲地观看？是被动地等待？还是先在头脑中一遍遍地练习投篮？世界又是公平的，它总有一天会把球递到你手里，关键是，这时候你做好准备了吗？

在我们周围，有许多这样的人：他们看似勤奋，实则懒惰；看似踏踏实实，实际却缺乏对前方结果的预见能力，所以当别人得分时，他们还是老样子，无意义地重复自己。

那些对成功驾轻就熟的人，看似有超强的能力，实际上可能和我们并没有多少差别，差别的仅仅是：当我们空着两手无所事事的时候，已经有一只篮球在他们头脑里蹦蹦跳跳了。

——摘自《讽刺与幽默》作者：狐仙

分享与感悟

▶分享

"人们解决世界上的问题，靠的是大脑的智慧与创造性思维。"古往今来，许多成功者既不是那些最勤奋的人，也不是那些知识最渊博的人，而是一些拥有智慧、善于思考的人。

▶感悟

1. 谈谈你的感想：

经典哲理故事

独木桥的走法

弗洛姆是一位著名的心理学家。一天，几个学生向他请教：心态会对一个人产生什么样的影响？

他微微一笑，什么也不说，就把他们带到一间黑暗的房子里。在他的引导下，学生们很快就穿过这间伸手不见五指的神秘房间。接着弗洛姆打开房间里的一盏灯，在这昏黄如烛的灯光下，学生们才看清楚房间的布置，不禁吓出了一身冷汗。原来，这间房子的地面就是一个很深很大的水池，池子里蠕动着各种各样的毒蛇，包括一条大蟒蛇和三条眼镜蛇，有好几只毒蛇正高高地昂着头，朝他们"吱吱"地吐着信子。就在这蛇池的上方，搭着一座很窄的木桥，他们刚才就是从这座木桥上走过来的。

弗洛姆看着他们，问："现在你们还愿意再次走过这座桥吗？"大家你看着我，我看着你，都不作声。

过了片刻，终于有几个学生犹犹豫豫地站了出来。其中一个学生一上去，就异常小心地挪动着双脚，速度比第一次慢了好多倍；另一个学生战战兢兢地踩在小木桥上，身子不由自主地颤抖着，才走到一半，就挺不住了；第三个学生干脆弯下身来，慢慢地趴在小桥上爬过去了。

"啪"，弗洛姆打开了房内另外几盏灯，强烈的灯光一下子把整个房间照耀得如同白昼。学生们揉揉眼睛再仔细看，才发现在小木桥的下方装着一道安全网，只是因为网线的颜色极暗淡，他们刚才都没有看出来，弗洛姆大声地问："现在你们当中还有谁愿意走过这座桥？"

学生们没有作声，"你们为什么不愿意呢？"弗洛姆问道。"这张安全网的质量可靠吗？"学生心有余悸地反问。

弗洛姆笑了："我可以解答你们的疑问了，这座桥本来不难走，可是桥下的毒蛇对你们造成了心理威慑。于是，你们就失去了平静的心态，乱了方寸，表现出各种程度的胆怯——心态对行为当然是有影响的啊！"

其实人生又何尝不是如此呢？在面对各种挑战时，也许失败的原因，不是因为势单力薄，不是因为智能低下，也不是没有把整个局势分析透彻，而是把困难看得太清楚，分析得太透彻，考虑得太详尽，才会被困难吓倒，举步维艰。倒是那些没把困难完全看清楚的人，更能够勇往直前。

如果我们在勇过人生的独木桥时，能够忘记背景，忽略险恶，专心走好自己脚下的路，也许能更快地到达目的地。

——摘自"读者网"

分享与感悟

▶分享

拿破仑·希尔认为："人与人之间只有很小的差异，但这种很小的差异却往往造成了巨大的差异。很小的差异就是其所具备的心态是积极的还是消极的，巨大的差异就是成功与失败。"一个心态积极者，常能心存光明远景，即使身陷困境，也能以愉悦和创造性的态度走出困境，迎向光明。

▶感悟

1. 谈谈你的感想：
_____
_____
_____

经典哲理故事

第三个寻宝人

传说在浩瀚无际的沙漠深处，有一座埋藏着许多宝藏的古城。人们要想获取宝藏，必须穿越沙漠，战胜沿途数不清的机关和陷阱。

很多人对那价值连城的财宝梦寐以求，却又没有足够的勇气和胆量去征服沙漠以及杀机四伏的重重陷阱。这批珍贵的财宝，就这样在沙漠古城里埋藏了一代又一代。

有一天，一个勇敢的人听爷爷讲了这个神奇的传说，决定去寻宝。他准备了干粮和水，独自踏上了漫长的寻宝之路。

为了在回程的时候不迷失方向，这个勇敢的寻宝者每走出一段路，便要做上一个明显的标记。虽然每前进一步都充满艰险，但他最终还是找出了一条路。眼看就要胜利在望了，这个勇敢的人却因为过于兴奋而一脚踏进爬满毒蛇的陷阱……

过了许多年，又走来一个勇敢的寻宝人。他看到前人留下的标记，心想：这一定是有人走过的，既然标记在延伸，说明指路人安全地走下去了，这条路一定没错。沿着标记走了一大段路，他欣然发现路上果然没有任何危险。他放心大胆地往前走，越走越高兴，一不留神，也掉进同一个陷阱，成了毒蛇的美餐。

第三个走进沙漠的寻宝人是一位智者。他看着前人留下的标记想：这些标记可不能轻信。否则，寻宝者为什么都一去不返了呢？他凭借自己的智慧，在浩瀚无际的沙漠中重新开辟了一条道路，他每走一步都小心翼翼，扎实平稳。最终战胜了重重险阻抵达古城，获得了宝藏。

第三个寻宝人在临终前对自己的儿孙说："前人走过的路，并不一定通往胜利，不可迷信经验……"

——摘自"读者网"

分享与感悟

▶分享

经验只能参考，绝不可以照搬。从成功经验里学习一些东西是可以的，但切忌将别人的成功做法生搬硬套地运用在自己身上。因为，天下任何事情都有它自身的特点，对于所有成功者的经验和办法，一定要抱着警惕的心态去对待。

▶感悟

1. 谈谈你的感想：

_____

_____

经典哲理故事

竞争不相信眼泪

记得有这样一份医学资料：一年不患一次感冒的人，患癌症的概率是经常患感冒的人的6倍。

这似乎有点奇怪，但这却是真实的。据生物学家观察，一条鱼放在鱼缸中，没几天就死了，而三条鱼放在鱼缸中，却可以活一年多。因为它们在一种"竞争氛围"中，越活越有"战斗力"。

还有一个成语叫"蚌病成珠"：蚌体内嵌入沙子，便分泌出一种物质疗伤。久而久之，便形成了一颗晶莹的珍珠。

生活就是这样，需要经受磨难，需要参与竞争。

我们应该让这种磨难和竞争转化为动力，而决不能受了压力就自悲自叹。尤其是在竞争中面对失败和挫折的时候，更不能自暴自弃，因为竞争不相信眼泪。

我们应该懂得，成功是失败的积累，在竞争中不可能没有失败。

一个成功的竞争者应该经得起风雨，应该具有抗挫折的能力。在竞争中流泪是弱者，只有在困境中奋起，才能成为强者。

法国物理学家伦琴小时候学习成绩很好，但很顽皮。一次，学校以不尊重师长为理由，开除了他的学籍，使他因为没有中学毕业证而不能上大学。几经挫折与努力，伦琴终于以优异的成绩考取苏黎世学院，可毕业时学校又因他的履历问题拒绝他做一位知名教授的助手。面对种种挫折，伦琴从来没有掉过眼泪，而总是激流勇进、迎难而上，经过整整20年的努力，他终于担任了德国沃兹堡大学的校长，并在后来发现了X射线，成为第一个获得诺贝尔物理学奖的科学巨人。

古今中外，流传着许许多多向逆境宣战的千古佳话，像伦琴这样在逆境中奋起并成就了伟大事业的人物也不乏其例。

对挫折的承受力是与一个人的综合素质尤其是意志品质密切相关的。我们要懂得，挫折乃是生活中的正常现象，是任何人不可避免的。谁的抗挫折能力强，谁就能获得成功，就能笑到最后，笑得最好。

——摘自《大众阅读报》 作者：钟声

分享与感悟

▶分享

在充满逆境的当今世界，事业的成败、人生的成就，不仅取决于人的智商、情商，也在一定程度上取决于人的抗挫折能力。有一位作家说："顺利是偶尔的，挫折才是人生的常态。"无论任何时候、任何处境，我们都不能对生活失去信心。

▶感悟

1. 谈谈你的感想：
_____
_____
_____

经典哲理故事

从未得到机会的女人

演说家查尔斯·霍布斯经常会在他的演说中引用这样一个故事：100多年前，伦敦住着一位女士，她以给人帮厨为生。生活虽然很艰难，她还是省吃俭用地攒了一点钱，并用这点钱去听了一场演讲。演讲者是一位在当时非常著名的演说家，他的演讲深深地感染了她，也触动了她。演讲结束之后，她并没有立即离去，而是去拜访了那位演说家。

"要能像您这样一生中拥有这么多机会那该有多好啊！"她羡慕道。

"哦，亲爱的女士，"那位演说家问道，"难道您从未得到过任何机会吗？"

"我从未得到过任何机会。"她很沮丧。

"那您是做什么工作的？"演说家问道。

"我在我姐姐开的寄宿公寓里帮厨，剥剥洋葱，削削土豆。"她答道。

"您做这事多长时间了？"演说家追问。

"都已经干了15年了，难熬的15年啊！"

"您工作的时候坐在哪里呢？"

"您为什么问这个？"她感到非常迷惑，"我就坐在厨房最低的一级台阶上。"

"那么，您把脚放在哪里呢？"

"放在地板上啊。"她惊讶地望着演说家。

"那地板是什么样的？"

"是用釉面砖铺就的。"

著名的演说家说道："亲爱的女士，今天，我要给您布置一项任务。我想让您写一封信给我，谈一谈您对砖的认识。"

女士以自己根本就不会写信为由拒绝他的提议，但是，演说家坚持要她完成这项任务。

第二天，当她坐在厨房的台阶上剥洋葱的时候，目光不禁聚焦在了釉面砖铺就的地板上。她专门跑到砖厂向厂主请教砖头是如何制造出来的。对于厂长的解释她并不满意，于是，她又跑到了图书馆，通过查阅资料，她了解到，在当时的英国，一共有120多种砖瓦在生产。她还发现了已经存在了数百万年的粘土层是如何形成的。她已经完全沉浸在她的研究之中了，她的思想也已经被她的研究完全占据了。每天晚上，她都会准时到图书馆查阅资料。

经过几个月的研究之后，她按照演说家的要求写信。在这封长达36页纸的信中，她详细地介绍了厨房里地砖的有关情况。令她吃惊的是，不久之后，她就收到了回信，随信而来的，还有她的研究所获得的报酬。原来，那位演说家把她的信拿去发表了！不仅如此，演说家又给她布置了一项新任务：写一写她在厨房地砖下面发现的东西。

女士受到了极大的鼓舞，在厨房撬起一块砖头一看，发现下面有一只蚂蚁。

那天晚上一下班，她便急匆匆地赶到图书馆，去查阅有关蚂蚁的书籍。通过研究，她了解到世界上有好几百种蚂蚁。有的蚂蚁很小很小，小到可以站在针尖上；而有的则很大很大，大到放在手上都能感觉到它们的重量。为了便于研究，她还专门养了一群蚂蚁，每天都拿着放大镜仔细观察。

经过几个月的观察与研究，她把研究蚂蚁的发现写成了一封长达350页的"信"寄给了演说家。当然,这封"信"最终也发表了。不久之后,她便辞去了那份帮厨工作,开始了她的写作生涯。

直到她去世之前,她几乎游历了所有她曾经梦寐以求要去的地方,而且还体验了许多她曾经想都不敢想的事情,这就是那位曾经感叹自己从未得到过任何机会的女人!

——摘自《讽刺与幽默》 翻译:李威

分享与感悟

▶分享

机会的每一次到来,都不会提前跟你打招呼,它总是悄悄地来,如果你是有心人,你会理智地抓紧它;如果你懵懵懂懂,机会即使在你面前,你也会视而不见,眼睁睁地看着它离去。

▶感悟

1. 谈谈你的感想:

_____

_____

经典哲理故事

埋头做事的孩子

许多年前,在台北一条长巷里,有两个相连的大院子,住着许多普通人家。有一年,侧院搬来一家姓熊的,他家有个儿子,没过几天,熊家的孩子就成为大家教育孩子的反面典型。那孩子闷头闷脑,不爱读书,也不爱说话,从不和院子里的孩子玩,人们便认定他不会有出息。不久,人们的话就得到了验证。那孩子连中学都没能考上,只进了夜校。而在夜校他也不好好学习,只是热衷于写小说,而且特别喜欢写武侠小说。为此,他没少挨父母的打,也遭到周围许多人的冷嘲热讽。但他对这一切都淡然处之,只是埋头做他的事。

许多年以后，大院里的孩子都已长大成人，过着和父辈一样的生活，而熊家的孩子却一鸣惊人，他创作的武侠小说开始为人们所接受，并风靡各地。他的笔名叫古龙，很多人都听过这个名字。

是种子就不怕泥土的埋没。只要你心中拥有成功的梦想，总有一天会破土而出。

——摘自《今晚报》 作者：包利民

分享与感悟

▶分享

孩子都有自己的天赋，并不是只有学习好才是好学生，我们应该发现孩子的优点，让他去发展。看那个埋头做事的孩子，付出了努力，就会得到回报，是种子，总有一天会破土而出。

▶感悟

1. 谈谈你的感想：

_____

_____

_____

经典哲理故事

每次只追前一名

一个女孩，小的时候由于身体纤弱，每次体育课跑步都落在最后。这让好胜心极强的她感到非常沮丧，甚至害怕上体育课。这时，女孩的妈妈安慰她："没关系的，你年龄最小，可以跑在最后。不过，孩子你记住，下一次你的目标就是：只追前一名。"

小女孩点了点头，记住了妈妈的话。再跑步时，她就奋力追赶她前面的同学。结果从倒数第一名，到倒数第二、第三、第四……一个学期还没结束，她的跑步成绩已到中游水平，而且也慢慢地喜欢上了体育课。

接下来，妈妈把"只追前一名"的理念，引申到她的学习中，"如果每次考试都超过一个同学的话，那你就非常了不起啦！"

就这样，在妈妈这种理念的引导教育下，这个女孩 2001 年居然从北京大学毕业，并被哈佛大学以全额奖学金录取，成为当年哈佛教育学院录取的唯一一位中国应届本科毕业生。她就是朱成。其后，朱成在哈佛大学攻读硕士学位、博士学位。读博期间，她当选为由 11 个研究生院、1.3 万名研究生组成的哈佛大学研究生总会主席。这是哈佛 370 年历史上第一次由中国籍学生出任该职位，引起了巨大轰动。

"只追前一名"，就是所谓的"够一够，摘桃子"。没有目标便失去了方向，没有方向便失去了期望，没有期望便失去了动力。但是，目标太高、期望太大的结果，不是力不从心，便是半途而废。明确而又可行的目标，真实而又适度的期望，才能引领人脚踏实地、胸有成竹地朝前走。

——摘自《班主任之友》

分享与感悟

▶分享

"只追前一名"，没有慷慨激昂的豪言壮语、没有深奥的道理、没有空洞的说教、没有好高骛远，有的只是脚踏实地、步步为营。当然，去"追前一名"是以自己的发奋、刻苦、努力为前提的，"追前一名"也是一个永无止境的过程。"只追前一名"，每天进步一点点，也能够成就大事业，也能够创造辉煌的人生。

▶感悟

1. 谈谈你的感想：

_____

_____

_____

经典哲理故事

俞敏洪在"赢在中国"节目现场的即兴演讲

人的生活方式有两种，第一种是像草一样活着。你尽管活着，每年还在成长，但是你毕竟是一棵草，你吸收雨露阳光，但是长不大。人们可以踩过你，人们不会因为你的痛苦而产生痛苦；人们不会因为你被踩了而来怜悯你，因为人们本身就没看到你。所以，我们每一个人都应该像树一样成长。即使我们现在什么都不是，但是只要你有树的种子，即使被人踩到泥土中间，你依然能够吸收泥土的养分，让自己成长起来。也许两年、三年你长不大，但是十年、二十年，你一定能长成参天大树。当你长成参天大树以后，从遥远的地方，人们就能看到你。走近你，你能给人一片绿色、一片阴凉，你能帮助别人；即使人们离开你以后，回头一看，你依然是地平线上一道美丽的风景线。树，活着是美丽的风景，死了依然是栋梁之才。活着、死了都有用，这就是我们每一个同学做人的标准和成长的标准。

当一个人为别人活着的时候，就非常麻烦。因为别人的标准是不一样的，没有坚持追求自己想要的东西，你的尊严和自尊是得不到保证的，因为你总是在飘摇中。对于我们来说，保持自己尊严和自尊的最好的方法是什么呢？就是你有一个梦想，通过从最基本的一个步骤，你就可以开始追求。比如说最后你想取代我，成为新东方的董事长和总裁，你能不能做到？只要你有足够的心态和足够的做事情的方法，以及胸怀，肯定是能做到的。

凡是想要一下子把一件事情干成的人，就算他干成这件事情，他也没有基础，因为这等于是在沙滩上造的房子，最后一定会倒塌。只有慢慢地一步一步把事情干成的，每一步都给自己打下坚实的基础，每一步都给自己一个良好的交代，再重新向未来更高处挑战的人，他才能够把事情真正地做成功。

当你决定了一辈子干什么以后，你就要坚定不移地干下去，就不要随便地换。你可以像一条河流一样，越流越宽阔，但是千万不要再想去变成另外一条河，或者变成一座高山。有了这样一个目标以后，你的生命就不会摇晃，不会因为有某种机会，你就到处乱窜，这样你才能够做出事情。

我们未来生活的一种重要能力，叫做忍辱负重的能力。在很多看似不能忍受的事情面前，你必须要忍受，因为你不忍受就不可能成功。为什么，因为你不忍辱负重，你就没有时间，你就没有空间，没有走向未来的空间。如果你想走向未来，最后变得更加强大、更加繁荣，你就必须要给自己留下足够的时间和空间。当你为一个伟大的目标而奋斗的时候，你得排除也必须排除生命中一切琐碎的干扰，因此你就必须忍辱负重。

不管我们是什么年龄，我们也不能做一时气不过的事情。这个世界上让你气不过的事情太多了，只有你气得过的时候，这个世界在你面前才能展开最光辉的一面。

每一条河流都有自己不同的生命曲线。长江和黄河的曲线，是绝对不一样的。但是每一条河流都有自己的梦想，那就是奔向大海。所以，不管黄河是多么的曲折，绕过了多少的障碍，长江拐的弯不如黄河多，但是它冲破了悬崖峭壁，用的方式是不一样的，但是最后都走到了大海。当我们遇到困难时，不管是冲过去还是绕过去，只要我们能过去就行。我希望大家能使自己的生命向梦想流过去，像长江、黄河一样流到自己梦想的尽头，进入宽阔的海洋，使自己的生命变得开阔，使自己的事业变得开阔。但是并不是你想流就能流过去，其实这里面就具备了一种精神，毫无疑问就是水的精神。我们的生命有时候会是泥沙，尽管你也跟着水一起往前流，但是由于你个性的缺陷，面对困难的退步或者说胆怯，你可能慢慢地就会像泥沙一样沉淀下去，一旦你沉淀下去，也许你不用为前进而努力了，但是你却永远见不得阳光了。你沉淀了下去，上面的泥沙就会不断地把你压住，最后你会暗无天日。所以我建议大家，不管你现在的生命是什么样的，一定要有水的精神。哪怕被污染了，也能洗净自己。像水一样，不断地积蓄自己的力量，不断地冲破障碍，当你发现时机不到的时候，把自己的厚度给积累起来，当有一天时机来临的时候，你就能够奔腾入海，成就自己的生命。

渡过难关是一种心态，你想要跨过去的话，就必然能跨过去。

很多人是带着怨气和怨恨在工作，你的工作就永远做不好。

如何能够把事情做得更成功的几个要点：第一要点，如何尽可能把自己的长期目标和短期目标结合起来。我们要先分清楚，哪些事情是我们想一辈子干的事情，哪些事情是一下子干完，我们就可以不用再干的事情。中国有句话叫急事慢做，你越着急的事情，你做的越仔细、越认真，越能把事情做好。而你越着急的事情，做的越快反而越做的七零八落，我把这个急事也叫做大事。第二个要点就是要决定自己一辈子干什么。那么还有一个我觉得非常重要的，就是平时做事情的时候，对时间的计划性。还有一点，就是成功要自我约束。任何时候，当你面临一个巨大的诱惑和其他任何可能产生诱惑的时候，如果你觉得自己停不下来，你千万别去追那个东西。因为你追了那个东西停不下来，最后栽跟头的一定就是你。

千万记住一点，做任何事情的时间都是能挤出来的。

伟大与平凡的不同之处是，一个平凡的人每天过着琐碎的生活，但是他把琐碎堆砌出来，还是一堆琐碎的生命；所谓伟大的人，是把一堆琐碎的事情，通过一个伟大的目标，每天积累起来以后，变成一个伟大的事业。

我的核心价值观就是，以善为生，用善良的心态来对待自己的生命和别人的生命。

有两句话我是比较欣赏的：生命是一种过程；事业是一种结果。

我们每一个人是活在每一天的，假如说你每一天不高兴，你把所有的每一天都组合起来，就是你一辈子不高兴。但是假如你每一天都高兴了，其实你一辈子就是幸福快乐的。有一次，我在黄河边上走的时候，我用矿泉水瓶灌了一瓶水。大家知道黄河水特别得浑，后来我把它放在路边，大概有一个小时左右，我非常吃惊地发现，四分之三已经变成了非常清澈的水，而只有四分之一呢是沉淀下来的泥沙。假如说我们把这瓶水的清水部分比喻我们的幸福和快乐，而把那个浑浊的、沉淀的泥沙比喻我们痛苦的话，你就明白了：当你摇晃一下以后，你的生命中整个充满的是浑浊，也就是充满的都是痛苦和烦恼。但是当你把心静下来以后，尽管泥沙总的份量一点都没有减少，但是它沉淀在你的心中，因为你的心比较沉静，所以就再也不会被搅和起来，因此，你生命的四分之三就一定是幸福和快乐的。

人的生命道路其实很不平坦，靠你一个人是绝对走不完的，这个世界上只有你跟别人在一起，为了同一个目标一起做事情的时候，才能把这件事情做成。一个人的力量很有限，但是一群人的力量是无限的。当五个手指头伸出来的时候，它是五个手指头，但是当你把五个手指头握起来的时候，它是一个拳头。未来，还要学会团队合作，要跟别人一起成功，你才能把事情做得更成功。

——摘自"读者网"

分享与感悟

▶分享

人的成长方式有两种

第一种方式是像草一样成长

你尽管活着

每年还在成长

但是你毕竟是一棵草

你吸收雨露阳光

但是长不大

人们可以踩过你

但是人们不会因为你的痛苦，而产生痛苦

人们不会因为你被踩了，而来怜悯你

因为人们本身就没有看到你

所以我们每一个人

都应该像树一样的成长

即使我们现在什么都不是

但是只要你有树的种子

即使你被踩到泥土中间

你依然能够吸收泥土的养分

自己成长起来

当你长成参天大树以后

遥远的地方，人们就能看到你

走近你，你能给人一片绿色

活着是美丽的风景

死了依然是栋梁之才

活着死了都有用

这就是我们每一个同学做人的标准和成长的标准

▶感悟

1. 谈谈你的感想：

_____

_____

_____

经典哲理故事

不找借口找方法，胜任才是硬道理

他出生在四川，是穷孩子出身，初中毕业就外出打工。

1997年7月，他应聘为一家房地产代理公司的发单员，底薪300元，不包吃住，发出的单做成生意，才有一点提成。

上班第一天，老板讲了很多鼓励大家的话，其中一句"不找借口找方法，胜任才是硬道理"让他印象深刻。

上班后，他劲头十足，每天早晨6时就出门，晚上12时还在路边发宣传单。他连续拼命干了3个月，发出去的单子最多，反馈的信息也最多，却没做成一单生意。为了给自己打气，他把老板告诉他的那句"不找借口找方法，胜任才是硬道理"写在卡片上，随时提醒自己。

他的业务渐渐多起来，公司把他从发单员提拔为业务员。当时，公司销售的楼盘是位于北京市西三环的高档写字楼，每平方米价值2000美元。这种高档房，每卖出一套就提成丰厚，他暗自高兴，以为马上就能做出成绩，然而，两个月过去了，他一套房都没卖出去。

终于有一天，有一名客户来找他。他喜忧参半，喜的是终于有客户了，忧的是不知该如何跟客户谈。他脸憋得通红，手心直冒汗。但是，除了简单地介绍楼盘的情况外，他不知道再讲些什么，只能傻傻地看着对方。结果，客户失望地走了。

"不找借口找方法，胜任才是硬道理。"他不断地给自己鼓劲，开始苦练沟通技巧，主动跟街上的行人介绍楼盘，两个月后，沟通能力提高许多。

有一天，一个抱着箱子的人向他打听三里屯的一家酒吧在哪里。他热情地告诉对方，但对方还是没有听明白，他干脆领对方去，还帮对方抱箱子。告别时，他顺手发了一张宣传单给对方，那个人很感兴趣，第二天就找到他购买了两套房，并说："我平时很烦别人向我推销东西，但你不同，值得信赖。"这一单让他赚到一万元，更让他激动的是，他相信自己能胜任这份工作。

但他的成绩并不好，每个月只能卖出一两套房，在业务员里属于比较差的。

1998年8月，公司组建成5个销售组，采取末位淘汰制，他处在被淘汰的边缘，这时他对"胜任才是硬道理"有了深刻认识，要胜任就必须找到好方法。因此，当经验丰富的业务员跟客户交流时，他就坐在旁边认真地听，看他们如何介绍楼盘，如何拉近与客户的距离。他还买了很多关于营销技巧的书来学习，学会把握客户的心理，判断客户的需求、实力，每次与客户交谈时都有针对性。他的业绩开始稳步上升。

1999年8月，北京另一家公司到他所在公司挖人，许诺给两倍于现在的待遇，请他过去。他仔细分析形势，发现那家公司精英众多，自己难以出人头地，就谢绝了对方的邀请。

"挖人事件"给公司造成很大影响，留下来的人马上都成了公司的顶梁柱，已有两年经验的他很快脱颖而出。他的一个客户想买写字楼，拿不定主意。他知道后，给这个客户做了一个报告，详细分析各楼盘的特点，同时告诉客户，他的楼盘的性价比优势在哪里。客户最终决定在他的楼盘里买下一个大面积的写字楼。这一单，卖出了2000万元。

后来，他一个赛季的销售额达到6000万元，在公司排名第一，按照公司规定，销售业绩进入前五名者可以竞选销售副总监，他决定试试。结果，他成功了。没想到，第一个赛季结束时，他带领的销售组排在最后一名，他在副总监"宝座"上还没坐热，就被撤了。以往被撤销副总监职位的人，大多选择离开，因为他们觉得再也没有颜面当一名普通销售员。他却想，自己被淘汰，完全是因为自己还不能胜任，从哪里跌倒，我偏要从哪里爬起来。

重做业务员后，他调整心态，和从前一样拼命工作，2003年最后一个赛季，他又拿到全公司第一，再次竞选当上了销售副总监。这一次，他一上任就开始精心培训手下的员工，将自己的经验毫无保留地传授给他们。他说：

"只有大家都好了，我的境遇才会更好。"结果，这个赛季结束，他的组取得很好的成绩，销售额达到 8000 多万元，租赁额也达 5000 多万元。

此后，他所带团队的业绩一直名列前茅，他的收入也自然提高，每年的收入都在 100 万元上。

他叫胡闻俊，那个告诉他"胜任才是硬道理"的老板是潘石屹。

——摘自"文章阅读网"

分享与感悟

▶分享

一流人才的核心素质是：当遇到问题和困难的时候，他们总是能够主动去找方法解决，而不是找借口回避责任，找理由为失败辩解。"只为成功找方法，不为失败找借口！"这是一流员工关于一流的宣言，有精神，有心态，有执着，有了不起的对事业与生活的把握！

▶感悟

1. 谈谈你的感想：

_____
_____

经典哲理故事

成功贵在坚持不懈

"骐骥一跃，不能十步；驽马十驾，功在不舍。"同样，成功的秘诀不在于一蹴而就，而在于你是否能够持之以恒。

曾有这样一个故事。

1987 年，她 14 岁，在湖南益阳的一个小镇卖茶水，1 毛钱一杯。因为她的茶杯比别人大一号，所以卖得最快，那时，她总是快乐地忙碌着。

1990 年，她 17 岁，把卖茶的摊点搬到了益阳市，并且改卖当地特有的"擂茶"。擂茶制作比较麻烦，但也卖得出好价钱。那时，她的小生意总是红红火火。

1993年，她20岁，仍在卖茶，不过卖的地点又变了，在省城长沙，摊点也变成了小店面。客人进门后，必能品尝到热乎乎的香茶，在尽情享用后，他们或多或少会掏钱再拎上一两袋茶叶。

1997年，她24岁，长达十年的光阴，她始终在茶叶与茶水间滚打。这时，她已经拥有37家茶庄，遍布于长沙、西安、深圳、上海等地。福建安溪、浙江杭州的茶商们一提起她的名字，莫不竖起大拇指。

2003年，她30岁，她的最大梦想实现了。"在本来习惯于喝咖啡的地方，也有洋溢着茶叶清香的茶庄出现，那就是我开的……"说这句话时她已经把茶庄开到了香港和新加坡。

还有一个故事。

新生开学，"今天只学一件最容易的事情，每人把胳膊尽量往前甩，然后再尽量往后甩，每天做300下。"老师说。

一个月以后有90%的人坚持。

又过一个月有仅剩80%。

一年以后，老师问："每天还坚持甩手300下的请举手！"整个教室里，只有一个人举手，他后来成为了世界上伟大的哲学家。

这是两个真实的故事，让我们记住他们的名字吧！孟乔波和柏拉图，一个卖茶的商人和一个伟大的哲学家。

从这两个故事中可以发现：成功没有秘诀，贵在坚持不懈。任何伟大的事业，成于坚持不懈，毁于半途而废。其实，世间最容易的事是坚持，最难的也是坚持。说它容易，是因为只要愿意，人人都能做到；说它难，是因为能真正坚持下来的，终究只是少数人。巴斯德有句名言："告诉你使我达到目标的奥秘吧，我唯一的力量就是我的坚持精神。"

人的一生又何尝不是如此？从"昨夜西风凋碧树，独上高楼，望尽天涯路"，到"衣带渐宽终不悔，为伊消得人憔悴"，再到"众里寻她千百度，蓦然回首，那人却在灯火阑珊处"都应该坚持，坚持生命的困惑、领悟和真谛。只有如此，在你到暮年的时候，细细回想起来，才会觉得没有虚度曾经美好的年华，才会觉得自己的整个生命都充满价值。

——摘自"文章阅读网"

分享与感悟

▶ 分享

"锲而不舍,金石可镂;锲而舍之,朽木不折。"做人,关键在于恒心,目标专一,持之以恒。如果一个人想要有所成就,就必须要有恒心,持之以恒,不能半途而废。伏尔泰曾经说过:"要在这个世界上获得成功,就必须坚持到底,剑至死都不能离手。"任何人成功之前,都会遇到许多的失意,甚至是多次的失败。如果你放弃了,你就放弃了一个成功的机会,因为轰轰烈烈的成功之前的失败,往往离成功只有一步之遥。自古以来,那些所谓的英雄,并不比普通人更有运气,只是比普通人更有坚持到最后的勇气。

▶ 感悟

1. 谈谈你的感想:

_____

_____

经典哲理故事

成功需要"十商"

成功需要不断的修炼、积累才能获得。努力提高"十商"智慧和能力,追求全面、均衡发展,您一定能够构建成功而幸福的大厦。

1. 智商(IQ)

智商(Intelligence Quotient,缩写成IQ)是一种表示人的智力高低的数量指标,但也可以表现为一个人对知识的掌握程度,反映人的观察力、记忆力、思维力、想象力、创造力以及分析问题和解决问题的能力。确实,智商不是固定不变的,通过学习和训练是可以开发增长的。我们要走向成功,就必须不断学习,积累智商。

我们不仅要从书本、从社会学习,还要从我们的上司那里学习。因为你的上司今天能有资格当你的上司,肯定有比你厉害的地方,有很多地方值得你去学习。很多人都想超越他的上司，这是非常可贵的精神，但要超越你的老板，你不学习他成功的地方，何谈超越？不断地学习，提高智商，这是成功的基本条件。

2. 情商（EQ）

情商（Emotional Quotient，简写成 EQ），就是管理自己的情绪和处理人际关系的能力。如今，人们面对的是快节奏的生活、高负荷的工作和复杂的人际关系，没有较高的 EQ 是难以获得成功的。EQ 高的人，总是能得到众多人的拥护和支持。同时，人际关系也是人生重要资源，良好的人际关系往往能获得更多的成功机会。权变理论代表人物之一弗雷德·卢森斯对成功的管理者（晋升速度快）与有效的管理者（管理绩效高）做过调查，发现两者显著不同之处在于：维护人际网络关系对成功的管理者贡献最大，占 48%，而对有效的管理者只占 11%。可见，在职场中，要获得较快的成长，仅仅埋头工作是不够的，良好的人际关系是获得成功的重要因素。

3. 逆商（AQ）

逆商（Adversity Quotient，简写成 AQ），是指面对逆境承受压力的能力，或承受失败和挫折的能力。在当今的和平年代，应付逆境的能力更能使你立于不败之地。"苦难对于天才是一块垫脚石，对于能干的人是一笔财富，而对于弱者则是一个万丈深渊。""苦难是人生最好的教育。"名人之谈告诉我们：伟大的人格只有经历熔炼和磨难，潜力才会激发，视野才会开阔，灵魂才会升华，才会走向成功，正所谓"吃得苦中苦，方为人上人。"

任何国家和地区的富豪，约八成出身贫寒或学历较低，他们白手起家创大业，赢得了令人羡慕的财富和名誉。他们没有一个是一帆风顺、不经失败和挫折就获得成功的。

逆境不会长久，强者必然胜利。因为人有着惊人的潜力，只要立志发挥它，就一定能渡过难关，成就生命的辉煌。

4. 德商（MQ）

德商（Moral Quotient，缩写成 MQ），是指一个人的德性水平或道德人格品质。德商的内容包括体贴、尊重、容忍、宽恕、诚实、负责、平和、忠心、礼貌、幽默等各种美德。科尔斯说，品格胜于知识。可见，德是最重要的。一个有高德商的人，一定会受到信任和尊敬，自然会有更多成功的机会。

古人云："得道多助，失道寡助""道之以德，德者得也"，就是告诉我们要以道德来规范自己的行为，不断修炼自己，才能获得人生的成功。古今中外，一切真正的成功者，在道德上大都达到了很高的水平。

现实中的大量事实说明，很多人的失败，不是能力的失败，而是做人的失败、道德的失败。

5. 胆商（DQ）

胆商（Daring Quotient，缩写成 DQ）是一个人胆量、胆识、胆略的度量，体现了一种冒险精神。胆商高的人能够把握机会，该出手时就出手。无论是什么时代，没有敢于承担风险的胆略，任何时候都成不了气候。而大凡成功的商人、政客，都是具有非凡胆略和魄力的。

6. 财商（FQ）

财商（Financial Quotient，简写成 FQ），是指理财能力，特别是投资收益能力。没有理财的本领，你有多少钱也会慢慢花光的，所谓"富不过三代"就是指有财商的老子辛辛苦苦积攒下来的钱，最后也会败在无财商的子孙手中。财商是一个人最需要的能力，也是最被人们忽略的能力。

我们的父辈大都是"穷爸爸"，只教我们好好读书，找好工作，多存钱，少花钱。赚得少一点没关系，关键是稳定。他们从没教过我们要有财商，要考虑怎么理财。所以，财商对我们来说是迫切需要培养的一种能力。会理财的人越来越富有，一个关键的原因就是财商区别。特别是富人，何以能在一生中积累如此巨大的财富？答案是：投资理财的能力。

7. 心商（MQ）

心商（Mental Quotient，简写成 MQ），就是维持心理健康，调试心理压力，保持良好心理状况和活力的能力。21世纪是"抑郁时代"，人类面临更大的心理压力，提高心商、保持心理健康已成为时代的迫切需要。现代人渴望成功，而成功越来越取决于一个人的心理状态，取决于一个人的心理健康。从某种意义上来讲，心商的高低直接决定了人生过程的苦乐，主宰人生命运的成败。

世上有很多人取得了很大的成功，可因承受着生活的各种压力，郁郁寡欢，因不堪重压或经不起生命的一次挫折而患上心理障碍，甚至走上不归路，演绎了一幕幕人间悲剧。

8. 志商（WQ）

志商就是意志商（Will Quotient，简写成 WQ），指一个人的意志品质水平，包括坚韧性、目的性、果断性、自制力等方面。如能为学习和工作具有不怕苦和累的顽强拼搏精神，就是高志商。

"志不强者智不达，言不信者行不果""勤能补拙是良训，一分辛劳一分才"。它们说明一个道理：志商对一个人的智慧具有重要的影响。人生是小志小成，大志大成。许多人一生平淡，不是因为没有才干，而是缺乏志向和清晰的发展目标，在商界尤其如此。要成就出色的事业，就得要有远大的志向。

9. 灵商（SQ）

灵商（Spiritual Quotient，简写成 SQ），就是对事物本质的灵感、顿悟能力和直觉思维能力。量子力学之父普朗克认为，富有创造性的科学家必须具有鲜明的直觉想象力。无论是阿基米德从洗澡中获得灵感最终发现了浮力定律，牛顿从掉下的苹果中得到启发发现了万有引力定律，还是凯库勒关于蛇首尾相连的梦而导致苯环结构的发现，都是科学史上灵商飞跃的不朽例证。

成功人生没有定式，单靠成文的理论是解决不了实际问题的，还得需要悟性，需要灵商的闪现。修炼灵商，关键在于不断学习、观察、思考，要敢于大胆的假设，敢于突破传统思维。

10. 健商（HQ）

健商（Health Quotient，简写成 HQ）是指个人所具有的健康意识、健康知识和健康能力的反映。健康是人生最大的财富，就好像健康是 1，事业、爱情、金钱、家庭、友谊、权力等是 1 后面的零，所以光有 1 的人生是远远不够的，但是失去了 1（健康），后面的 0 再多对你也没有任何意义，正所谓平安是福。所以幸福的前提是关爱、珍惜自己的生命，并努力地去创造、分享事业、爱情、财富、权力等人生价值。

——摘自"读者网"

分享与感悟

▶分享

任何成功的人生都不是偶然的，看似偶然之中包含着必然。要获得成功的人生，就需要不断自我修炼，增加智慧，提高智商，拥有"十商"的人，一定会拥有明媚的春天。

▶感悟

1. 谈谈你的感想：

_____

_____

_____

第三篇 为人处世

习近平总书记和北大师生座谈时曾说过："道德之于个人、之于社会，都具有基础性意义，做人做事第一位的是崇德修身。这就是我们的用人标准为什么是德才兼备、以德为先，因为德是首要、是方向，一个人只有明大德、守公德、严私德，其才方能用得其所。"做事先做人，青年人为人处世，首先要修德。人而无德，行之不远。但，有德无才也不行，不然凭什么干事创业？"情理兼修"，这是习近平总书记对当代青年人提出的新要求。

经典哲理故事

合作才能共赢

从前,有两个饥饿的人得到了一位长者的恩赐:一根鱼竿和一篓鲜活硕大的鱼。其中,一个人要了一篓鱼,另一个人要了一根鱼竿,然后他们分道扬镳了。得到鱼的人原地就用干柴搭起篝火煮起了鱼,他狼吞虎咽,还没有品出鲜鱼的肉香,转瞬间,连鱼带汤就被他吃了个精光,不久,他便饿死在空空的鱼篓旁。另一个人则提着鱼竿继续忍饥挨饿,一步步艰难地向海边走去,可当他已经看到不远处那片蔚蓝色的海洋时,他浑身的最后一点力气也使完了,他也只能眼巴巴地带着无尽的遗憾撒手人间。

又有两个饥饿的人,他们同样得到了长者恩赐的一根鱼竿和一篓鱼。只是他们并没有各奔东西,而是商定共同去找寻大海,他俩每次只煮一条鱼,经过遥远的跋涉,来到了海边,从此,两人开始了捕鱼为生的日子。几年后,他们盖起了房子,有了各自的家庭、子女,有了自己建造的渔船,过上了幸福安康的生活。

一个人只顾眼前的利益,得到的终将是短暂的欢愉;一个人目标高远,但也要面对现实的生活。只有把理想和现实有机结合起来,才有可能成为一个成功之人。有时候,一个简单的道理,却足以给人意味深长的生命启示。

——摘自"励志坊"网站

分享与感悟

▶分享

诺贝尔经济学奖获得者莱因哈特·赛尔顿教授有一个著名的"博弈"理论。假设有一场比赛,参与者可以选择与对手是合作还是竞争。如果采取合作策略,可以像鸽子一样瓜分战利品,那么对手之间浪费时间和精力的争斗不存在了;如果采取竞争策略,像老鹰一样互相争斗,那么胜利者往往只有一个,而且即使是获得胜利,也要被啄掉不少羽毛。现代社会中的现代企业文化,追求的是团队合作精神。所以,不论对个人还是对公司,单纯的竞争只能导致关系恶化，使成长停滞；只有互相合作，才能真正做到双赢。

▶感悟

1. 谈谈你的感想：

_____

_____

经典哲理故事

好运气是自己做出来的

每次坐长途汽车，落座后就闭目遐想：今天总应该会有位美女坐我旁边，起码是个赏心悦目的异性！

但是，每次都让我失望，几乎都是与"老弱病残"在一起，运气很不好。

这次也一样，眼巴巴看着一个个美女持票鱼贯上车，硬是没有一个坐我身旁。最后，来了个提大包小包的乡下老太，我看得出她要进城做饭去，因为其中一个蛇皮袋里装着铁锅，露着把柄，然后"当"一声就落在我脚边，我终于明白，她是我今天有缘同车的同座。

我欠了欠身子，表示虚伪的欢迎。她开始说话，说是第一次出远门，要去省城福州看二儿子，是读土木建筑的，领导很看重他；现在儿子要请她过去做饭，但是她的原话是"他很孝顺，要我去享清福"。

她不会讲普通话，可万分健谈，不断地问我"十万个为什么"，用的是我们老家土话，我也尽量陪聊，并且努力夸她提到的人、捧她提到的事，我渐渐习惯而且理解了一个淳朴母亲的慈爱心。

虽然，看着前后有情侣或分吃一串糖葫芦，或一人耳朵里各塞一耳机分享MP3，我好惆怅。

两个小时后，眼看福州就要到了，我看出老太太的不安，她心虚地问我："我是要在北站下车的，你是到哪个站？"经过一段时间的闭目养神，我心情好多了，于是我诚恳主动地安慰她，不要紧张，请她放心，我跟她是在同一站下车，我会带她下车的……

眼看车子已经出了高速路，进城了。老太太不停地整理东西，可见她还是慌。我突然想，对了，下车后，她怎么与她儿子联系？我再次关切问她："你儿子的电话是多少？我帮你给他打个电话，告诉他在车站哪个出口等你！"

她赶紧从口袋里掏出一张纸，上面写着一个手机号码，我随即拨通了他儿子的电话，通了，更奇妙的是，我手机屏幕上马上显示出一个前几天刚刚新添到通讯录上的名字——某工程的项目经理，这真是太奇妙了，眼前老太太的儿子居然就是我要找的人，而且是我需要他帮忙的人……

接电话的是个年轻人的声音，我把手机递给那兴奋的老太太："我快到了，阿狗（老家土语，宝贝的意思），还好有这个好心人照顾我……"哦，我就是那个好心人！我欣慰而庆幸。

下车的时候，他们母子相见，场面感人；然后，老太太拖住我，一定要她那个有些羞涩的儿子感谢我："还好是这小兄弟一路帮我，你们都在同一个城市，一定要像兄弟一样做朋友！"她儿子频频点头，我也微笑致意。

几天后，我信心十足地去找这个年轻的经理，在他办公室，他抬头看我，一愣，原来之前多次与他电话咨询的人就是一路照顾他妈妈的"贵人"，在感慨"世界真小"之后，他爽快地在我需要他签字的工程合作单子上签了大名……

原来，我的运气一点也不坏，遇见一个需要我小小帮助的老太太，她不是美人，更不年轻，但是，她居然是货真价实的"机遇女神"。

另一个故事的主角，是我外甥。不久前，他参加一家公司的面试，出来后，他上了卫生间，一个瘦弱的陌生老者问他："希望大吗？"我外甥说："我很有信心，这是一家我最中意的单位。"说着，很礼貌地为老者开了门，还压着门让老人先出去。老者很高兴，在走廊里，拍拍他的肩膀说："男子汉，我们不想让你走！"

后来，他才知道这位不起眼的老人就是那大公司的荣誉董事长。事后，我外甥与我分享这个细节的时候，也得出这么一个结论：机遇女神有时就是一位需要你帮助的人。好运气，是自己做出来的，而不是别人送来的。

——摘自《读者》 作者：罗西

分享与感悟

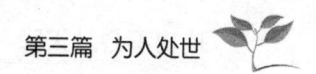

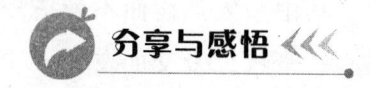

▶分享

命,是先天的;运,是后天的。命运的关键是由自己创造的。

1. 运气的第一个公理

运气面前人人机会平等。直到今天人们都相信运气:别人的运气好,我的运气不好。但是随着人们日益成熟,他们知道被称作"运气"的东西,公平地分配给了我们每一个人。我们完全以同样的比例分享着幸运和厄运。

2. 运气的第二个公理

每个人的命运都由自己创造。《塔木德》说:"每个人的机会都一样多,但是每个人对机会的识别和把握能力是不同的。"爱因斯坦曾说过:"机遇只偏爱有准备的头脑。"这里的"准备"主要有两方面的内容:一是知识的积累,没有广博而精深的知识,要发现和捕捉机遇是不可能的;二是思维方法的准备,只具备知识,而没有现代思维方式,就看不到机遇,只好任凭它默默地从你身边溜走。

▶感悟

1. 谈谈你的感想:

_____

_____

_____

经典哲理故事

用微笑钓鱼

两个钓鱼高手一起到池塘垂钓。这两人各凭本事,一展身手,隔不了多久的工夫,皆大有收获。

忽然间,池塘附近来了十多名游客。看到这两位高手轻轻松松就把鱼钓上来,不免感到几分羡慕,于是都在附近买了钓竿来试试自己的运气如何。没想到,这些不擅此道的游客,怎么钓也是毫无成果。

话说那两位钓鱼高手，两人个性完全不同。其中一人孤僻而不爱搭理别人，单享独钓之乐，而另一位高手，却是个热心、豪放、爱交朋友的人。爱交朋友的这位高手，看到游客钓不到鱼，就说："这样吧！我来教你们钓鱼，如果你们学会了我传授的诀窍而钓到一大堆鱼时，每十尾就分给我一尾，不满十尾就不必给我。"双方一拍即合，欣表同意。

教完这一群人，他又到另一群人中同样也传授钓鱼术，依然要每钓十尾回馈给他一尾。

一天下来，这位热心助人的钓鱼高手，把所有时间都用于指导垂钓者，获得的竟是满满一大篓鱼，还认识了一大群新朋友，同时，左一声"老师"，右一声"老师"，备受尊崇。

同来的另一位钓鱼高手，却没享受到这种乐趣。当大家围绕着其同伴学钓鱼时，那人更显得孤单落寞。闷钓一整天，检视竹篓里的鱼，收获也远没有同伴的多。

人生就如同钓鱼。用微笑钓鱼，好过用鱼竿钓鱼。

倘若你一个人静静钓鱼却不曾仰望蓝天，那么，你终会发现原来你收获的鱼儿实在太少。也许，一个微笑对着蓝天，很多美丽的鱼儿便会涌向你的怀抱。

——摘自"读者网"

分享与感悟

▶分享

微笑是人类共同的语言，是表达善意的最好方式。微笑不仅是人际关系的黏合剂，是化敌为友的一剂良方，是对别人的尊重，更是对爱心和诚心的一种礼赞。

事实上，微笑是世界上最美好而无声的语言，她来源于心地的善良、宽容和无私，表现的是一种坦荡和大度。当人生遇到挫折时，微笑是成功的起点；遇到烦恼时，微笑是思想上的解脱；心情舒畅时，微笑是愉悦的表现。

让我们留一个微笑给伤痛，伤痛便会悄然溜走；留一个微笑给弱者，弱者便会扬起生活的风帆；留一个微笑给失败，失败便会成为你前进的动力；留一个微笑给黑暗，黑暗便会引领你去追赶新的明天；留一个微笑给过去的一切，失去便会成就你美好的明天；留一个微笑给自己，灵魂便会指引真实自我。

▶感悟

1. 谈谈你的感想：

_____

_____

_____

处世道理

人生就是一个经典的菜谱

人生其实就像是一个个经典的菜谱：

童年——菠萝烧肉：香甜可口，人见人爱，回味无穷，只不过当你想细细品味时，已经没有了。

上学——凉拌苦瓜丝：苦中带甜。当我端上桌时，朋友碍于面子，不得不吃几口，可当真正品出味道时，菜也见底了。

上班——油炸花生米：淡淡的香。只能一颗一颗地慢慢品尝，当你吃烦了，想换一道其他的耐吃的菜，结果换上来的其实只是水煮花生米。

金钱——红烧肉：异香扑鼻，肥而不腻。吃上去很过瘾，满嘴流油，但不宜吃多。适量即可，否则对身体不好，因此，并不是所有人的最爱。

机遇——水煮肉片：色香味俱全。只不过当你正在欣赏洋葱木耳辣椒的色彩时，好肉已经差不多被别人吃光了。

疾病——各种凉菜：每个人都或多或少地吃着，而且就是在品味它们的时候，才能真正尝到什么叫酸甜苦辣。

初恋——醋溜白菜：最普通的蔬菜，味道却很耐人寻味。但如果佐料配放不合理，则味道变质，也许到最后也吃不完。

失恋——烈酒：辛辣，让人头晕目眩，即使睡上一觉，醒来依然感到隐隐地头痛。不过如果你身体够好的话，也许第二天就恢复了。

朋友——主食：菜肴再好，也没有主食实在，虽然味道不如菜肴，却是你饥饿时最需要的。

经验——油炸春卷：当你没有把握可以完全靠自己做好时，最好去买别人包好的现成的春卷，回去再自己炸好了。

特长——拔丝苹果：香甜焦脆，外观精美。刚上餐桌就成为大家瞩目的焦点，但如果长时间不翻动，以后就怎么也夹不起来了。

追求——麻辣豆腐：松软可口。趁热吃才有味道，不过"心急吃不了热豆腐"，否则不是辣到喉咙，就是被烫伤嘴。

处事——糖醋鲤鱼：耐人寻味，有酸有甜，但要仔细挑出鱼刺。如果一旦忘乎所以，刺梗在喉，后悔莫及。

——摘自"文章阅读网"

分享与感悟

▶分享

人生的全部意义不在于活着，而在于活好！活好，绝不是简单的活着，绝不只是为了保住一条小命，让肉体不死，而是要活出滋味，活出精彩！

1. 活好，在于活得明白

有多少人浑浑噩噩地活着，不知天地规律，不懂人生价值，不谙世事人情，不知办事轻重，一切全在糊涂之中、昏暗之中。稀里糊涂地来，也稀里糊涂地去，不能不说是一种悲哀。

2. 活好，在于活得真实

做人要少一点点头哈腰，少一点看人眼色，少一点委曲求全，少一点讨好卖乖，少一点虚伪做作。

3. 活好，在于活得踏实

少干点缺德事，少说点缺德话，少搞点缺德的名堂，少点阳奉阴违。

4. 活好，在于活得舒适

菜不好，你可以做得好吃点；衣不好，你可以洗得干净点；住不好，你可以摆得整洁点。尽可能过好每一天、每一分、每一秒，尽可能把日子过得有滋有味。

5. 活好，在于活得充实

多睡生病，多闲无聊。人不一定是为了吃住而工作，也不是为了快乐而工作，人最重要的是在每日的修炼中完善自己。人不能游手好闲，人不能不劳而获，否则，就会成为寄生虫，就会在消沉中枯萎死去。

6. 活好，在于活得开心

要想开心其实很简单，多一点理解，多一点包容，多一点宽恕，多一点欣赏，多一点关爱，人生如过客匆匆，别为小事抓狂，别为小事生气，别为无为之事伤了和气。

7. 活好，在于活得静心

静水流深，宁静致远。一个不懂安静的人，一定是一个不成熟的人，一定是一个不能明心见性的人，也一定是一个未能开悟的人。

8. 活好，在于活得创新

新战胜旧，新淘汰旧，这是宇宙给人类进化的手段。在创新之中，人们不断优化了体格，优化了智力，同时也优化了灵魂。

▶感悟

1. 谈谈你的感想：

_____

_____

_____

处世道理

如何与他人相处

1. 给自己的嘴巴安上一把锁，不要试图讲出全部的想法。培养低调和富有感染力的言谈。说话的方式比内容更为重要。

2. 少作承诺，并保证它们的信誉。一旦作出承诺，无论付出多大代价都要履行。

3. 永远不要错过赞赏和鼓励别人的机会。不论是谁做出漂亮的工作，都应给予称赞。如果需要提出意见，请以一种帮助的态度，而不是鄙夷的态度。

4. 关心别人的需要、工作、家庭和家人。与快乐的人一起快乐，与悲伤的人一起悲伤。让每一个与你交往的人，不论多么卑微，都能感觉到你对他的重视。

5. 做一个快乐的人。不要将自己不值一提的伤痛和失望传染给周围的人。请记住,每个人都承担着某些压力。

6. 保持开放的心态。讨论但不要争论,即使不赞同,也不愤怒,这是内心成熟的标志。

7. 让你的美德来说话。拒绝谈论别人的短处,不要传播谣言。这些将浪费你宝贵的时间,并会极大地破坏你的人际关系。

8. 谨慎地对待别人的情感。揶揄和幽默不能以伤害别人为代价,尤其当你认为可能性很小的时候。

9. 无需担心关于你的流言。请记住,散播流言的人并非世界上最准确的报道员。以不变应万变。紧张不安加上坏心眼一般是背后议人是非的原因。

10. 别太着急属于自己的信誉,将你自己做到最好,并要有耐心。忘记你自己,让别人来"记住"你。这样的成功更令人愉悦。

——摘自"读者网"

分享与感悟

▶分享

一个人的成功,20%靠专业知识,40%靠人际关系,另外40%需要观察力的帮助,因此为了提升我们个人的竞争力,获得成功,就必须不断地运用有效的沟通方式和技巧,随时有效地与人接触沟通,只有这样,才有可能使你事业成功。

1. 保留意见

过分争执无益自己且又有失涵养。通常,应不急于表明自己的态度或发表意见,谨慎的沉默就是精明的回避。

2. 适应环境

适者生存,不要花太多精力在杂事上,要维护好同事间的关系。不要每天炫耀自己,否则别人将会对你感到乏味。必须使人们总是感到某些新奇。每天展示一点的人会使人保持期望,不会埋没你的天资。

3. 取长补短

学习别人的长处,弥补自己的不足。在同朋友的交流中,要用谦虚、友好的态度对待每一个人。把朋友当作教师，将有用的学识和幽默的言语融合在一起，你所说的话定会受到赞扬，你听到的定是学问。

4. 决不自高自大

把自己的长处常挂在嘴边，常在别人面前炫耀自己的优点。这在无形之中贬低了别人而抬高了自己，其结果则是使别人更看轻你。适度地检讨自己，并不会使人看轻你；相反总强调客观原因，报怨这，报怨那，只会使别人轻视你。

5. 不要说谎、失信

对朋友、同事说谎会失去其信任，使他们不再相信你，这是你最大的损失。要避免说大话，要说到做到，做不到的宁可不说。

▶感悟

1. 谈谈你的感想：

___

___

___

处世道理

快乐生活法则

1. 如果可以的话，当问题产生时，应马上解决，不要累积下去。

2. 到床上睡觉，不要担心或烦恼，如果在睡觉时，你发现心情不好，可去散散步或是阅读一篇让你感到愉快的文章，或是和你的爱人谈谈生活中的美好事物。

3. 替自己寻找一个紧张的宣泄口，去参加一些平常并不会去做的活动。

4. 在日常生活中，常呼吸新鲜的空气并运动。

5. 远离咖啡壶。

6. 如果你不能去遛狗，可去借一条，你的邻居可能因此而更喜爱你。

7. 当寂寞时，收听一些较有活力的音乐并轻松跳舞，不要管跳得好不好，只是要让自己感觉好一点。

8. 去阅读一些不常接触的科目——去修门课或运用图书馆，会使你全神贯注并觉得有趣。

9. 试着不要和同事互相抱怨。

10. 如果过完糟透了的一天，那就回到家洗个热水澡并唱歌，当你大声唱歌时就不会觉得那么沮丧了。

11. 均衡的饮食，避免吃太多甜食及垃圾食物。

12. 在地区博物馆或文化中心当志愿看门员。

13. 在午餐时间后，到图书馆拿一本好书，选择一个舒服隔离的座位，享受午后的宁静。

14. 清理阁楼、浴室或塞得太满的柜子。

15. 花一点时间和小孩在一起，不要只是接送他们。

16. 参与一些需要用力的活动：整理花园，擦洗地板。

17. 慢慢地呼吸，并注意吸进和呼出的空气。

18. 去远足，骑脚踏车。

19. 详细地写日记，并将焦点放在生活上正面的观点与最近的正面计划。

20. 在雨天中漫步，而不担心鞋子湿掉或感冒。

21. 当你还为工作担心时，不要吃晚餐。

22. 安排一个时间诉说痛苦，不要在其他时间讨论你的痛苦。

23. 对待配偶要特别好。

24. 和朋友保持联络。

25. 列一张表，将工作上所不能忍受的事列出来，然后把它丢掉，每星期写一次，重复四个星期，你会发现真正的问题所在，然后找方法克服。

26. 碰到难题时不要抱怨同事，或向同事发牢骚，而是努力寻找解决问题的办法。

27. 试着将别人的问题和自己的问题分开。

28. 每隔一周到报摊买一本不同的杂志，将会扩展你的知识领域与发现一些新的谈话标题。

29. 多学一点家族历史，参加宗亲会，并投入于传统的活动与庆典。

30. 注意不要将所有的余暇时间都排好时程表。

31. 不要着急。

32. 如果你突然服用阿司匹林、制酸剂、镇静剂等，计算一下你所服用的数量，不要过量服用，或寻求专业的咨询。

33. 想想看，在工作及生活上，有哪些你可控制，有哪些你无法控制，把对你无影响的事情抛诸脑后。

34. 笑。

35. 去看一场悲剧电影，并让自己哭出来，然后指出你为什么哭。

36. 试着不要带太多工作回家。

——摘自"读者网"

分享与感悟

▶分享

人们似乎正处于一个焦虑的时代，每个人都迫不及待地做事情，很少让自己停下来，也很少思考自己是否真正感到快乐。据一项调查显示，中国人的快乐水平普遍很低，只有9%的中国人认为自己的生活快乐。

1. 快乐到底是什么？

所谓的快乐，其实就是一种心理感官的愉悦感觉，它发自内心，身边的每一件事都能让你快乐，但快乐也是短暂的，也许只是一瞬间的感觉。

2. 如何始终保持快乐的感觉？

第一，永远把自己当作最普通的人看。不管取得多大的成就、地位、财富，不管获得多高的学历、职称，永远认为自己就是一个普通人，没有什么了不起。这样，你遇到什么样的挫折、什么样的困难都能够接受。特别是对于农村出来的人来讲，本来就是一无所有，还有什么不能失去的呢？

第二，广交好朋友。只要你性格开朗，乐于助人，坦诚，乐于和人分享，愿意主动付出，不计较小利益，你就能交到很多的好朋友。一个人一定不能封闭自己，一定要多与人交流，以真心换真心，你的朋友就会越来越多。

第三，有自知之明，知道自己能干什么。我们可以对一切的可能性保持开放的态度。但是，到了一定的人生阶段，我们就应该知道自己能干什么。能够做自己感兴趣、喜欢的工作是最好的；然后的选择是做自己擅长的工作。

▶ 感悟

1. 谈谈你的感想：

_____

_____

_____

处世道理

26 句话让你的人际关系更上层楼

1. 长相不令人讨厌；如果长得不好，就让自己有才气；如果才气也没有，那就总是微笑。

2. 气质是关键。如果时尚学不好，宁愿淳朴。

3. 与人握手时，可多握一会儿。真诚是宝。

4. 不必什么都用"我"做主语。

5. 不要向朋友借钱。

6. 不要"逼"客人看你的家庭相册。

7. 与人打"的"时，请抢先坐在司机旁。

8. 坚持在背后说别人好话，别担心这好话传不到当事人耳朵里。

9. 有人在你面前说某人坏话时，你只微笑。

10. 自己开小车，不要特地停下来和一个骑自行车的同事打招呼。人家会以为你在炫耀。

11. 同事生病时，去探望他。很自然地坐在他病床上，回家再认真洗手。

12. 不要把过去的事全让人知道。

13. 尊重不喜欢你的人。

14. 对事不对人；或对事无情，对人要有情；或做人第一，做事其次。

15. 自我批评总能让人相信，自我表扬则不然。

16. 没有什么东西比围观者们更能提高你的保龄球的成绩了。所以，不要吝惜喝彩声。

17. 不要把别人对你的好视为理所当然。要知道感恩。

18. 榕树上的"八哥"在讲，只讲不听，结果乱成一团。学会聆听。

19. 尊重传达室里的师傅及搞卫生的阿姨。

20. 说话的时候记得常用"我们"开头。

21. 为每一位上台唱歌的人鼓掌。

22. 有时要明知故问：你的钻戒很贵吧！有时，即使想问也不能问，比如：你多大了？

23. 话多必失，人多的场合少说话。

24. 把未出口的"不"改成："这需要时间""我尽力""我不确定""当我决定后，会给你打电话"……

25. 不要期望所有人都喜欢你，那是不可能的，让大多数人喜欢就是成功的表现。

26. 当然，自己要喜欢自己。

——摘自"世界经理人文库"

分享与感悟

▶分享

有人说"成功=30%知识+70%人脉"；更有人说"人际关系与人力技能才是真正的第一生产力"。人生在世，不可能永远孤立，势必要与形形色色的人接触与打交道，势必会受到这个社会的制约。由此看来，一个人要想成功，首先应保持和谐的人际关系。那么如何才能保持和谐的人际关系呢？

1. 首先从自己做起，从小事做起

要有博大的胸怀、豁达的胸襟，严于律己，宽以待人，多看别人的长处、优点，并虚心学习。对别人的短处不要老是指指点点，甚至横加指责。对别人的一点点成绩都应该加以鼓励，而不应轻视、妒忌。特别是对你有过伤害的人，则更要存有宽容之心、原谅之心，不要总是记恨于心。

2. 常怀一颗爱心，一颗善良的心、感恩的心

诚以待人才会以心比心、以心换心。用心去爱别人，关心和帮助别人，才能"予人玫瑰，手留余香"。另外，要学会感恩，滴水之恩，涌泉相报。千万不要做忘恩负义的事，那是不能得到原谅、会让你永远歉疚的。

3. 交友十分重要

不交酒肉朋友,要与有学问的人、有气质的人相交,与品行良好的人相交。即使是君子,也要君子之交淡如水。朋友、同事之间不要太过于亲热,能和睦相处、互相关心、帮助即行。不要亲疏异常,更不能结成小帮派、小团体,那样容易产生矛盾。

▶感悟

1. 谈谈你的感想:

_____

_____

处世道理

当你看不到前方的路时

当你看不到前方的路时,你会想什么?

当你看不到前方的路时,你可曾也会害怕?

也会心灰意冷,感到挫败、无助、孤独?

可曾也会怀疑一切,对生活感到绝望?

当这个时候我请你一定要相信,

不是一切付出都没有回报,

不是一切歌曲都只是掠过耳旁而不留在心上,

不是一切星星都仅指向黑暗,而不报曙光。

请相信,我们一定能找到前进的方向,

请相信,并为之坚持,在感到痛苦时要坚持,

在感到绝望时要坚持,在所有人都看不起你时要坚持,

在所有人都不理解你时要坚持,在所有人都嘲笑你时要坚持,

在实在坚持不住时,要咬紧牙关坚持,哪怕体力透支、精力耗尽也要坚持,

无论如何也要坚持,坚持,再坚持一下就可以看到希望,就可以看到曙

光,

再坚持一下,就一定能够实现梦想,为了希望,并把它放到肩上,为之奋斗。

——摘自"励志文章网"

分享与感悟

▶分享

有位名人曾说:"有一种品质可以使一个人在碌碌无为的平庸之辈中脱颖而出,这个品质不是天资,不是教育,也不是智商,而是坚持。有了坚持,一切皆有可能;无,则连最简单的目标都显得遥不可及。"坚持是胜利的法宝。

1. 坚持

坚持又常称意志力,是在实现目标的艰辛路途上不可或缺的品质,其他还需要的品质有努力、决心和毅力。心理学家称这些品质为"坚毅",坚毅比意志力含义更深远,所以意志力是坚毅的一部分。除此之外,要实现日常的短期目标,意志力也是极为重要的。

2. 提高坚持能力或意志力的办法

① 养成习惯。习惯成自然最好的做法就是在挑战和诱惑面前坚定不移,把这些积极的做法形成你的习惯。你看,每天早上刷牙,你需要毅力吗?那是每天例行的。

② 避免诱惑。你用不着总是把自己放在时不时考验毅力的境地里。这似乎有点反直觉,但是许多证据表明那样的话,你的意志力很容易就耗尽了。

③ 做有意义的事。基于自己价值观念的决定更容易做出来,因为你可以用自己一贯的自我准则,而不用怎么下意识地控制自己。

④ 计划在先。要对可能遇到的问题做打算,想好对策,这样就算遇到了也不会焦头烂额。另外,把一个大的目标分解成一个个小目标,实现会简单许多。

⑤ 关键字眼。给自己创造一个关键词或者短语,在自己脆弱的时候提醒自己不要忘了自我价值观。这会激励你不断前进,继而使你对关键词做出积极的反应。

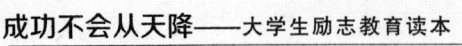

⑥ 不要分散意志力。如果你贪图一举多得、一劳永逸，那么很有可能导致你没有足够的意志力去完成。

▶感悟

1. 谈谈你的感想：

_____

_____

经典哲理故事

不要让瑕疵影响一生

他的父亲是一名贫穷的油漆工，仅仅靠着微薄的打工收入供他念完高中。这一年，他有幸被一所著名大学录取，但是，他却因为缴纳不起大学昂贵的学费而面临着辍学的危险。于是，他决定利用假期，像父亲一样外出做油漆工，以期挣够学费。他到处揽活，终于让他接到了一栋大房子的油漆任务。尽管主人是个很挑剔的人，不过给的价钱不低，他完成后不但能够缴清这一学期的学费，甚至连生活费也都有了着落。

这天，眼看着即将完工了。他将拆下来的橱门板最后再刷一遍油漆，橱门板刷好后，再支起来晾干即可。但就在这时，门铃突然响了，他赶忙去开门，不想却被一把扫帚给绊倒了，绊倒了的扫帚又碰倒了一块橱门板，而这块橱门板又正好倒在了昨天刚刚粉刷好的一面雪白的墙壁上，墙上立即有了一道清晰可见的漆印。他立即动手把这条漆印用切刀切掉，又调了些涂料补上。等一切被风吹干后，他左看右看，总觉得新补上的涂料色调和原来的墙壁不一样。想到那个挑剔的主人，为了那即将得到的酬劳，他觉得应该将这面墙再重新粉刷一遍。

终于，他干完了。可第二天一进门，他又发现昨天新刷的墙壁与相邻的墙壁之间的颜色出现了一些色差，而且越是细看越明显。最后，他决定将所有的墙壁再次重刷……

完工后，就连那个挑剔的主人也对他的工作很满意，付足了他的酬劳。

但是这些钱对他来说，除去涂料费用，就已经所剩无几了，根本不够缴学费的。

屋主的女儿后来知道了事情的原委，便将事情告诉了她的父亲。她父亲知道后很是感动，在女儿的要求下，同意赞助他上完大学。大学毕业后，这个年轻人不但娶了这个屋主的女儿为妻，而且还进入了屋主所拥有的公司工作。十多年以后，他成为了这家公司的董事长。他就是如今拥有世界500多家沃尔玛零售超市的富商。

一点点失误可以产生一个瑕疵，一个瑕疵可以损坏一面墙壁的完美，一面墙壁又可以损坏所有墙壁的和谐，而所有墙壁却可以影响一个人的一生……瑕疵造就的结果不在于瑕疵本身，而恰恰在于我们面对瑕疵的态度。

——摘自"读者网"

分享与感悟

▶分享

一点点失误可以产生瑕疵，一个瑕疵可以损坏一面墙壁的完美，一面墙壁又可以损坏整个房间的和谐，失误就这样可以影响一个人的一生。

"人非圣贤，孰能无过。"瑕疵造就的结果不在于瑕疵本身，而恰恰在于我们面对瑕疵的态度。有瑕疵不可怕，只要我们能用积极的态度去改正，一样能够有所收获。

面对过错，我们应该勇敢地面对它，而不要试图逃避自己应承担的责任，我们应将承认错误、担负责任根植于内心，让它成为我们脑海中一种强烈的意识和人生的基本信条。只有这样，自己才会取得进步，才会得到周围人的谅解，才会把人生的瑕疵缩小到最小。

▶感悟

1. 谈谈你的感想：

_____

_____

_____

经典哲理故事

感谢两棵树

一个年轻人,从小就是人见人爱的孩子。上学时是三好学生、班干部,初二那年参加全国奥数比赛,获得一等奖。

17岁不到,他就被保送到某大学深造。命运在他接到大学录取通知书那年的暑假,给他开了一个不大不小的玩笑:一次过马路时,一辆飞驰而来的车辆无情地夺去了他的双腿和左手。面对这飞来横祸,他没有被打倒,最终凭着惊人的毅力自学完全部大学课程,后来又创办了自己的公司,成为一家拥有上千万元固定资产的私企老总,并当选为市里的"十大杰出青年"。那天去采访他,问他是如何克服难以想象的惨痛折磨,取得今天的成绩的。

完全出乎我的意料,他最想感谢的既不是给他巨大关爱的父母,也不是一直鼓励和支持他的朋友。面对我的提问,他极快地回答:我要感谢两棵树!

遇到车祸之后,对从小就出类拔萃、自尊心极强的他来说,不啻为世界末日的来临。看看自己残缺不全的身体,他痛不欲生,感到一生就这样毁了,人生再没有什么值得追求的目标和意义,一度想要自杀。即使在医院听到远远从街上传来的一两声汽车喇叭声,也能引起他的烦躁和不安,情绪极不稳定。为了让他散心,转移一下注意力,在他出院以后,家人特意把他送到乡下的姑妈家静养。

在那里,他遇到了决定他生命意义的两棵树。

姑妈家住在一个远离城市的小村子,宁静、安逸,甚至有些落后。他就在姑妈的小院子里,每天吃饭、睡觉、睡觉、吃饭,一天天地打发着他认为不再宝贵的时光,人也更加灰心丧气和慵懒下来。一晃半年过去了。

一天下午,姑妈家里的人下田的下田,上学的上学,仅他一人在家。百无聊赖的他,自己摇动轮椅走出了那个小小的院落。

就这样,似有冥冥中的安排,他与那两棵树不期而遇。

那是怎样的两棵树啊!在离姑妈家五六十米的地方,有两棵显得十分怪异的榆树,像藤条一般扭曲着肢体,但却顽强地向上挺立着。两树之间,连着一根七八米长的粗粗的铁丝，铁丝的两端深深嵌进树干里。不，简直就是直接缠绕在树里！活像一只长布袋被拦腰紧紧系了一根绳子，呈现两头粗、中间细的奇怪形状。

见他好奇的样子，一旁的邻居主动告诉他，起初是为了晾晒衣服的方便，七八年前，有人在两棵小榆树之间拉了一根铁丝。时间一长，树干越长越粗，被铁丝缠绕的部分始终冲不出束缚，被勒出了深深的一圈伤痕，两棵小树奄奄一息。就在大家都以为这两棵榆树再也难以成活的时候，没想到第二年一场春雨过后，它们又发出了新芽，而且随着树干逐渐变粗，年复一年，竟生生将紧箍在自己身上的铁丝"吃"了进去！

莫名地，他的心被强烈地震撼了：面对外界施加的暴力和厄运，小树尚知抗争，而作为一个人，又有什么理由放弃对生活的努力呢？面对这两棵榆树，他感到羞愧，同时也激起了深藏于内心的那份不甘——只见他用自己仅存的右手，艰难地从坐了半年多的轮椅上撑起整个身体，恭恭敬敬地给那两棵再普通不过却又再坚强不过的榆树，深深鞠了个躬！

很快，他便主动要求回到城里，拾起了久违的课本还有信心，开始了属于自己的新的生活。

——摘自"读者网"

分享与感悟

▶分享

"我要扼住命运的喉咙，它不能使我屈服！"贝多芬的这一呐喊，正如其音乐一样，成了这世界中最神奇美妙的声音！是的，我们无法摸透命运，但是我们却可以"扼住命运的喉咙"！

生命是短暂的，但生命又是永恒的。无论是身处困境，还是春风得意，无论是穷困潦倒，还是生活美满，我们都应为活着喝彩。因为，没有什么可以让生命屈服的命运，活着就是最大的财富！无法攀登高峰，游览山底的美景又何尝不是另一份欣喜的体验？不必对生命过于苛求，活着就是最大的财富。

花落花开，细水长流，生命的光芒永远闪耀，别让生命因失意而失色，别让生命因得势而浮华。人生之真谛在于，真正地品味了生命，真正地读懂了生命。

▶感悟

1. 谈谈你的感想：
_____
_____
_____

经典哲理故事

别把西红柿连续种在同一块地里

小时候，有一次帮母亲去菜园栽西红柿苗。我径直来到去年种过西红柿的那垄地前，正蹲下身子准备移栽时，母亲却制止我说："今年可不能再种在这块地里了，咱们得换个地方。"她把我领到菜园西北角，说："今年就让西红柿在这儿落户吧。"我很不理解，问道："去年种过西红柿的那块地里用树枝搭的架子还在，今年接着种就不用再搭架子了，岂不是更方便吗？"母亲笑了笑说："你不懂。西红柿如果连续种在同一块地里，就会生长不好，容易发生虫害，产量将大减，所以得一年挪一个地方。其实不仅仅是西红柿，还有花生、西瓜等其他作物也是这样。"

要取得西红柿的丰收，就不能把它连续种在同一个地方，得舍弃原来那块已不再适宜的土壤。我们要想摘取人生的硕果，创造生命的价值，也得学会审时度势，随时给自己换一个最适合发展的"田块"，而绝不可固守在同一块地里，吊死在同一棵树上。

曾读过一个故事。有一个英国青年非常热爱诗歌，他发了疯似的拼命写诗，发誓要成为一名最伟大的诗人。可是多年过去了，他呕心沥血写出了大量诗作，却仍然默默无闻，这位年轻人陷入深深的苦闷和迷惘中。有一天，他在自己家的花园里散步，一阵强风吹过树梢，树上的鸟窝被吹落到地上。正当他对着地上的鸟窝伤感地沉思时，却又惊喜地发现，两只小鸟已经开始在枝头另筑一个新窝了。他顿时喜上眉头，刹那间仿佛悟透了生命的意义：一个"窝"被毁了，何不再建一个呢？于是，他不再执迷不悟，开始投身实业。没想到，几年后他成了一名成功的企业家。他的名字叫保罗·迈耶，后来还当上了英国成功者协会的主席。

从不把成功的希望寄托在一块"地"里、一个"窝"上，这正是许多成功者的成功秘诀。被誉为"中国光纤之父"的中国工程院院士赵梓森，早在青年时代，就曾经三换大学。他最初考取的是国立浙江大学农业化学系，读了近一年，觉得没兴趣，就主动辍学。第二年再考，被国立复旦大学生物系录取。他还是不喜欢，就说服家人，硬是掏钱上了一所差学校——私立大同大学电信系。如果他当年不去果断地挪"地"换"窝"，很可能今天就没有这么辉煌的成就，"光纤之父"的美誉也不会落到他的头上。著名科学家杨振宁年轻时从事实验物理研究，但进展得非常不顺利。当时在他工作的艾里逊实验室里流传着一个笑话："凡是有爆炸（出事故）的地方，就一定有杨振宁！"杨振宁不得不正视一个事实：自己的动手能力比别人差！经过一段时间痛苦的思想斗争后，他毅然作出决定，把发展方向转入理论物理研究。从此，他踏上了成为物理学界一代杰出理论大师之路。如果他当年不去理智地另辟新"地"，很可能至今仍默默无闻，与诺贝尔奖则更是无缘了。

人生在世，要想夺取成功的桂冠，当然需要对目标的执着，但更多的时候则需要果断而及时的放弃。在我们身边，有那么一些人，他们坚持着连续多年把"西红柿"种在某块"地"里，却痴心不改，哪怕是连年"歉收"也不动摇，他们认为这是对既定目标的坚守，是一种有恒心、有毅力的表现，相信坚持到底就必定会迎来丰收的喜悦。其实，他们错就错在分不清坚守目标与适时放弃的界限和时机。如果发觉一个主攻方向、一个发展目标不再适合自己，仍旧一味固守，一条道走到黑，那已不叫执着、坚定，那叫糊涂、盲干！

别把"西红柿"连续种在同一块"地"里，是因为那块"地"已不能种好你的"西红柿"。但只要你敢于放弃，善于寻找，总会有块"地"适合你，并最终成就你！

——摘自《做人与处世》 作者：胡守文

分享与感悟

▶分享

崔西给青年人这样的忠告：很多事之所以会失败，是因为没有遵循变通这一成功原则。无论是做人还是做事，都要学会变通。因为，只有变通才会找到方法，才会获得一条捷径。那么如何提高自己的变通能力？

1. 要学会审时度势、打破常规

所谓的审时度势，就是要明察不同事物的相似之处和相似事物的不同之处。那么，如何做到审时度势呢？

一是要有一个良好的心态。这种心态可以概括为两个字：静与空。静就是冷静和宁静，达到一种平心静气、心平气和的状态；空就是无私而无欲，达到内心空明澄静。宋代大文学家苏轼有句名诗："静故撩群动，空故纳万景。"意思是说，一个人只有内心宁静之后，才能发现客观外界运动变化；一个人只有内心空静后，才能接纳外界景色。

二是要学会换位思考。有位作家讲："肯替别人想，是第一等学问。""上半夜想自己的立场，下半夜想别人的立场。"香港著名企业家李嘉诚是一位十分擅长换位思考的人。他有一句名言："与人合作，你能分到十分，你最好只拿八分或七分，这样你就会有下次合作。"

三是要打破常规。世界著名科学家贝尔纳说："构成我们学习最大的障碍是已知的东西，而不是未知的东西。"莎士比亚也说："别让你的思想变成你的囚徒。"对于遵守常规的人来说，一切都是不可能的；对于一个喜欢打破常规的人来说，一切都是可能的。

2. 要借助外力为我所用

一个人不管自恃有多大本事，个人的力量也毕竟是有限的，但是却可以借助外力，使自己强大起来，这也算是一种变通。有一个笑话，讲一个大汉在大街上喊："谁敢惹我？"看到这位膀大腰圆的大汉，人们纷纷闪开。这时来了一个更壮的大汉，他走了过去，大叫一声："我敢惹你！"原先的大汉沉思了一会儿，便回答说："那好吧，那谁敢惹咱俩？"围观的人群本想让两个大汉较量一番，没想到他们竟联合了起来。虽然一台好戏没看成，但大家悟出一个道理，借别人的力量，自己就可以变得强大起来，这就是"借"的变通术。

3. 要善于改变自己的思维定式

人的思维方式常常有两大定式：一是直线型思维，不会拐弯抹角，不会逆向思维和发散思维；二是复制型思维，常以过去的经验作为参照，不容易接受新鲜事物。西方有一句谚语："上帝向你关上一道门，就会在别处给你打开一扇窗。"只要我们不拒绝变化，并且善于变化自己的思维习惯，勇于改变自己的观念，我们就能走出困境，进入新的天地。

实践证明，如果你想在变化几率日益增多和变化不断加速的今天，不断取得进步，请记住忠告：做人做事要学会变通。

▶感悟

1. 谈谈你的感想：

___

___

经典哲理故事

改变生命的微笑

小李是一个事业有成的青年，从小继承了数目庞大的家产，使他年纪轻轻就已经是数家公司的老板。

他虽然很聪明、很有才能，但也有一个缺点——有一些富家子弟的气息。身上总是穿着至少数十万元的西装，手腕上也带着一个耀眼的劳力士金表，使他看起来颇为招摇。

而且，他平时为人也非常傲慢，只为自己着想，所以，大家都很讨厌他。但数个月前的某一天，当我在街头遇见他时，却令我一惊。

因为平时总是身穿名牌的他，竟然只穿了一件非常普通的T恤；手腕上也没有了那只耀眼的金表，而换了一只极便宜的石英表；态度也十分随和，脸上总是带着微笑。

面对这巨大的转变，我有些不敢相信，甚至怀疑眼前的此人究竟是不是小李!

改变是这样发生的：一日，身穿名牌衣服的小李，走进了一家大型百货公司，想为病床上的母亲买一件礼物。由于母亲这两天病情有了转机，因此他的心情特别好。

当他停好那辆宝马车，准备走出停车场时，突然有一个身材矮小粗壮的男人从侧面猛力撞了过来，之后不仅没有道歉，还非常无礼地瞪着他。按照他平时的习惯，肯定会冲上前去理论一番，但他那天不仅心情好，而且又是来为母亲买礼物，所以他并没有发火，相反地，还像一个老朋友般向那个男子点头微笑，并说了一句："对不起！"

看到他微笑的表情，那个凶狠的男人似乎有些惊奇，并露出了一种不可思议的表情。就在那一瞬间，他凶恶的表情渐渐软化下来。

突然，这个男人转身向外跑去。

小李当时只是感到有些莫名其妙，但也没有在意。后来他才发现，手腕上的劳力士表已不知在何时不翼而飞。

回家后小李看到晚上的新闻报道，提到当天中午，在某幢大厦的地下停车场里发生了一起重大劫案。劫匪砍伤了一个驾驶着豪华跑车的老板，抢去了许多贵重物品。

当屏幕上播出这个劫匪的照片时，小李赫然发现，原来正是那个无礼碰撞自己的男人！

显然，如果当时小李与他冲突起来，极可能也会被劫匪砍伤。望着伤主满脸鲜血的惨样，他不禁想到，究竟是什么救了自己，让这个凶狠的劫匪愿意放弃呢？

也许就是他当时的微笑——像朋友般真诚的微笑。同时，小李也开始怀疑自己这身鲜亮的打扮，究竟还有什么意义。就在这个时候，他在朋友的带领下，参加了一场布道会。在牧师的讲道中，他听到了一个《伊索寓言》中的故事：

从前有一头长着漂亮长角的鹿来到泉水边喝水，看着水面上的倒影，它不禁洋洋得意："啊，多么好看的一对长角！"

只是，当它看见自己那双似乎细长无力的双腿时，又闷闷不乐了。正在这个时候，一头凶猛的狮子向它扑来，这头鹿开始拼命地奔跑。由于鹿腿健壮有力，连狮子也被抛得远远的。但到了一片丛林地带之后，鹿角被树枝绊住了，狮子最后追了上来，一口咬住了它。在临死之时，这头鹿悔恨地说道："我真蠢！一直不在意的双腿，竟是自己的救命工具；引以自豪的长角，最后竟害了自己！"

他恍然大悟。从此以后，一个不关心他人的老板消失了，而一个态度随和、关心他人、脸上时刻洋溢着微笑的新老板出现了。

最重要的是，自此以后，小李脸上总是带着微笑——那种改变他一生命运的微笑。

——摘自《南飞燕》 作者：周思源

分享与感悟

▶ 分享

多一点微笑，或许这并不能使你避开一场灾祸，但至少会使你成为一个受欢迎的人。生活中多一点微笑，人生中就少一点烦恼，人与人之间的关心和帮助，就是人世间最珍贵的宝藏。那么如何做到真诚的"微笑"？微笑要做到三结合，即"与眼睛相结合""与语言相结合""与身体相结合"。

1. 与眼睛相结合

当你在微笑的时候，你的眼睛也要"微笑"，否则，给人的感觉是"皮笑肉不笑"。眼睛的笑容有两种：一是"眼形笑"，二是"眼神笑"。

练习：取一张厚纸遮住眼睛下边部位，对着镜子，心里想着最使你高兴的情景。这样，你的整个面部就会露出自然的微笑，这时眼睛周围的肌肉也在微笑的状态，就是"眼形笑"。然后放松面部肌肉，嘴唇也恢复原样，可目光中仍然含笑脉脉，这就是"眼神笑"的境界。学会用眼神与客人交流，这样你的微笑才会更传神、更亲切。

2. 与语言相结合

要微笑着说"早上好""您好""欢迎光临"等礼貌用语。不要光笑不说或光说不笑。

3. 与身体相结合

微笑要与正确的身体语言相结合，才会相得益彰，给他人以最佳的印象。

▶ **感悟**

1. 谈谈你的感想：

_____

_____

经典哲理故事

向"许三多"学职业精神

我先后在几家世界500强企业任职，近年来研究企业文化，和林林总总的商界人士接触，他们或精明强干，或足智多谋，无一例外都是爱岗敬业的典范。然而在我看来，理解"职业精神"最到位的，当属"许三多"一类的军人。他们从不把"职业精神"挂在嘴边，但他们是把这四个字履行到极致的一群人。

"不抛弃，不放弃。"

这是职业精神的典型解读：坚持。最后攀上顶峰的人，无一例外都是这种"不抛弃，不放弃"的人，投机取巧者只会半途落马。从这个意义上讲，军人无论对职业还是对人生，都抱着投资的态度。投资和投机的手法差不多，结果却大相径庭，投资才有可能成功，投机不能长久。

"好好活，就是做有意义的事；做有意义的事情就是好好活！"

这句话转赠给所有期望在事业上有所建树的朋友，潜台词是：别做整日赶场参加饭局等与事业无关的"额外工作"；做对事业有帮助的事情，就是好好工作。

"人不能太舒服，太舒服就会有问题。"

如同秦始皇所言："养士如养鹰。"不能给鹰吃的太饱，太饱就会缺乏斗志。在这一点上，无论客户管理还是内部管理，都是一样的。

"日子就是问题叠着问题。"

作为员工，你的使命是帮助企业解决问题，而不是一味地抱怨工作环境、不断提出问题。拿几个行业内的小道消息来危言耸听，或者一知半解地向领导提出几个问题，绝对不是职业的表现。出题谁不会呢？问题是，你是否知道该如何解决它们。记住，解决问题是你在任何企业立于不败之地的法宝，而不是提问题。一个只会提出问题、品头论足、横加指责的人，一定是个饭桶。任何公司求贤若渴的都是能解决问题的职业人士。

"信念这玩意不是说出来的，是做出来的。"

其实，每天的工作做久了，谁都会觉得枯燥。可是古人说了：远路无轻担。所以，坚韧才是体现一个职业人士精神的所在。能不断重复地做好每一件事，才是专业化的表现。成功就是不断重复地做简单的事情，这说起来简单，做起来不易。

"别混日子，小心日子把你给混了！"

混日子其实比过日子有趣，你会感觉自己赚了，至少每天都很高兴。但是从长久看来，混久了终究是把自己给混了。十多年前混日子的人，我没见过一个现在在单位里挑大梁的。你可以选择现在混，但时间对你的酬劳是一事无成。

"你玩命了，你的班长也得玩命。"

每个公司，每个级别的领导，包括高级管理层，都存在着混日子的人。千万不要因为你的上司不玩命，你就不玩命。你是为自己而活、而工作，不是为上司。如果你真正有能力，没有人能挡住你成功的步子。群众的眼光永远是雪亮的。大伙都清楚地知道哪些人是玩的，哪些人是玩命的。上司也有压力，你玩命，你的上司自然也得玩命。

——摘自"文章阅读网"

分享与感悟

▶分享

"骐骥一跃，不能十步；驽马十驾，功在不舍"。同样，成功的秘诀不在于一蹴而就，而在于你是否能够持之以恒。那么如何才能坚持到底？

1. 要有坚定的信心

一个人对自己的事业充满信心，就会努力奋斗，不顾暂时遇到的困难、挫折和失败。若信心不足，遇到困难、挫折和失败，就很容易退缩。

2. 要有强烈的愿望

要成功，必须有强烈的成功愿望；要发财，必须有强烈的财富愿望。这样行动才会产生极大的毅力。

3. 要有明确的目标

目标明确，人们的行动才会有方向，目标才会产生强大而又稳定的吸引力。

4. 要有组织的计划

只有对目标制订出实施计划，人们才能按照计划行动，否则，对于目标，人们仍然是茫然的，是"老虎吃天，无处下爪。"

5. 积极行动

行动，不停地行动，这是最佳的选择。终日所思，不如一时所做。

6. 克服消极的心理因素

在这方面，可以与赞同自己的朋友结成同盟，来鼓励自己的积极心理，特别是信心，激发自己对目标的热情，保证自己有足够的毅力来实现目标。

▶感悟

1. 谈谈你的感想：

_____

_____

_____

经典哲理故事

尽力而为还不够

在一所著名教堂里，有一位德高望重的牧师。有一天，他向教会学校一个班的学生们先讲了下面这个故事。

那年冬天，猎人带着猎狗去打猎。猎人一枪击中了一只兔子的后腿，受伤的兔子拼命地逃生，猎狗在其后穷追不舍。可是追了一阵子，兔子跑得越来越远了。猎狗知道实在是追不上了，只好悻悻地回到猎人身边。猎人气急败坏地说："你真没用，连一只受伤的兔子都追不到！"猎狗听了很不服气地辩解道："我已经尽力而为了呀!"兔子带着枪伤成功地逃生回家了，兄弟们都围过来惊讶地问它："那只猎狗很凶呀，你又带了伤，是怎么甩掉它的呢?"兔子说："它是尽力而为，我是竭尽全力呀!它没追上我，最多挨一顿骂，而我若不竭尽全力地跑，可就没命了呀!"

牧师讲完故事之后，又向全班郑重其事地承诺：谁要是能背出《圣经·马太福音》中第五章到第七章的全部内容，他就邀请谁去"太空针"高塔餐厅参加免费聚餐会。《圣经·马太福音》中第五章到第七章的全部内容有几万字，而且不押韵，要背诵其全文无疑有相当大的难度。尽管参加免费聚餐会是许多学生梦寐以求的事情，但是几乎所有的人都浅尝辄止、望而却步了。几天后，班中一个11岁的男孩胸有成竹地站在牧师的面前，从头到尾地按要求背诵下来，竟然一字不漏，没出一点差错，而且到了最后，简直成了声情并茂的朗诵。泰勒牧师比别人更清楚，就是在成年的信徒中，能背诵这些篇幅的人也是罕见的，何况是一个孩子。牧师在赞叹男孩那惊人记忆力的同时，不禁好奇地问："你为什么能背下这么长的文字呢?"这个男孩不假思索地回答道："我竭尽全力。"16年后，这个男孩成了世界著名软件公司的老板。他就是比尔·盖茨。

牧师讲的故事和11岁男孩的成功背诵对人很有启示：每个人都有极大的潜能。正如心理学家所指出的，一般人的潜能只开发了2%~8%左右，像爱因斯坦那样伟大的大科学家，也只开发了12%左右。一个人如果开发了50%的潜能，就可以背诵400本教科书，可以学完十几所大学的课程，还可以掌握二十来种不同国家的语言。这就是说，我们有90%的潜能还处于沉睡状态。谁要想出类拔萃、创造奇迹，仅仅做到尽力而为还远远不够，必须竭尽全力才行。

——摘自"文章阅读网"

分享与感悟

▶分享

许多时候我们做事失败了，就会寻找客观原因：我已经尽力了，只是上天不作美。其实无数事实和许多专家的研究成果告诉我们：每个人身上都有巨大的潜能没有开发出来，事情没有成功不是没有尽力，而是没有竭尽全力。

那么如何才能做到"竭尽全力"？

1. 竭尽全力需要激发个人的全部潜能

美国学者詹姆斯据其研究成果说："与应当取得的成就相比，我们不过是半醒着，我们只利用了我们身心资源的很小一部分。"人生到底是喜剧还是悲剧，全在于你到底抱着什么样的信念，是否已竭尽所能。

2. 竭尽全力需要树立坚强的信念

曾经担任过美国足联主席的戴伟克·杜根说过这样一段话："你想胜利，又认为自己不能，那你就不会胜利。你认为你会失败，你就失败。因为，环顾这个世界，我发现一切胜利都始于个人求胜的意志与信心。"

3. 竭尽全力应从问题入手

问题是做事的基础。世界知名的管理顾问大师彼得·德鲁克在诊断问题时，总是先推开雇主提出的一大堆难题，转向客户问："你最想做的事情是什么？你为什么要去做呢？你现在正要做什么事？你做这件事的意义是什么？"其目的就是帮助客户认清问题、分析问题，然后让客户自己动手去解决那个最需要处理的问题。只有理性地分析问题，才能从繁杂的情况下认清事情的本质特征，做出正确的判断。

▶感悟

1. 谈谈你的感想：

_____

_____

_____

第四篇 励志领航经典

厚重的经典、直指心灵的作品，让我们看到了理想的光芒，让我们进入更高的思想境界。品味经典，让经典与我们的生活相连，让经典与我们的思想贯通，通过灵魂的对话，必会让我们得到精神上的愉悦，并将终身受益。

经典剧情

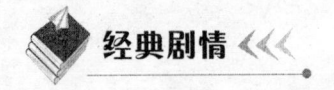

《肖申克的救赎》

　　故事发生在 1947 年，银行家安迪因为妻子有婚外情，酒醉后误被指控用枪杀死了她和她的情人，安迪被判无期徒刑，这意味着他将在肖申克监狱中度过余生。

　　瑞德 1927 年因谋杀罪被判无期徒刑，数次假释都未获成功。他现在已经成为肖申克监狱中的"权威人物"，只要你付得起钱，他几乎有办法搞到任何你想要的东西：香烟、糖果、酒，甚至是大麻。每当有新囚犯来的时候，大家就赌谁会在第一个夜晚哭泣。瑞德认为弱不禁风、书生气十足的安迪一定会哭，结果安迪的沉默使他输掉了两包烟，但同时也使瑞德对安迪另眼相看。

　　好长时间以来，安迪不和任何人接触，在大家抱怨的同时，他在院子里很悠闲地散步，就像在公园里一样。一个月后，安迪请瑞德帮他搞的第一件东西是一把小的鹤嘴锄，他的解释是他想雕刻一些小东西以消磨时光，并说他自己想办法逃过狱方的例行检查。不久，瑞德就玩上了安迪刻的国际象棋。之后，安迪又搞了一幅丽塔·海华丝的巨幅海报贴在了牢房的墙上。

　　一次，安迪和另外几个犯人外出劳动，他无意间听到监狱官在讲有关上税的事。安迪说他有办法可以使监狱官合法地免去这一大笔税金，作为交换，他为十几个犯人朋友每人争得了两瓶 Tiger 啤酒。喝着啤酒，瑞德说多年来他又第一次感受到了自由的感觉。

　　由于安迪精通财务制度方面的知识，很快他便摆脱了狱中繁重的体力劳动和其他变态囚犯的骚扰。不久，声名远扬的安迪开始为越来越多的狱警处理税务问题，甚至孩子的升学问题也来向他请教。同时安迪也逐步成为肖申克监狱长沃登洗黑钱的重要工具。监狱生活非常平淡，总要自己找一些事情来做。由于安迪不停地给州长写信，终于为监狱申请到了一小笔钱用于监狱图书馆的建设。同时，为了展现音乐的魅力并让更多人了解，安迪冒着被处罚的危险播放了一段音乐，并送给瑞德一个口琴。

一个年轻犯人的到来打破了安迪平静的狱中生活：这个犯人以前在另一所监狱服刑时听到过安迪的案子，他知道谁是真凶！但当安迪向监狱长提出要求重新审理此案时，却遭到了断然拒绝，并受到了单独禁闭两个月的严重惩罚。为了防止安迪获释，监狱长不惜设计害死了知情人！

面对残酷的现实，安迪变得很消沉……有一天，他对瑞德说："如果有一天，你可以获得假释，一定要到某个地方替我完成一个心愿。那是我第一次和妻子约会的地方，把那里一棵大橡树下的一个盒子挖出来。到时你就知道是什么了。"当天夜里，风雨交加，雷声大作，已得到灵魂救赎的安迪越狱成功。

原来二十年来，安迪每天都在用那把小鹤嘴锄挖洞，然后用海报将洞口遮住。同时，因为他聪明的经济头脑，监狱长一直让安迪为他做黑账、洗钱，将他用监狱的廉价劳动力赚来的黑钱一笔笔转出去。而安迪将这些黑钱全部寄放在一个叫斯蒂文的人名下，其实这个斯蒂文是安迪虚构出来的人物，安迪为斯蒂文做了驾驶证、身份证等各种证明，可谓天衣无缝。安迪越狱后，以斯蒂文的身份领走了监狱长存的部分黑钱，用这笔不小的数目过上了不错的生活，并告发了监狱长贪污受贿的真相。监狱长在自己存小账本的保险柜里见到的是安迪留下的一本圣经，扉页上写着："监狱长，您说得对，救赎就在里面。"当看到里边挖空的部分正好可以放下小鹤嘴锄时，监狱长领悟到其实安迪一直都没有屈服过。而这时，警方正赶到监狱来逮捕监狱长，最后监狱长饮弹自尽。

瑞德获释了，他在橡树下找到了一盒现金和安迪留给他的一封信，最后两个老朋友终于在墨西哥阳光明媚的海滨（芝华塔内欧）重逢了。这绝对是一部蕴涵人生哲理的喻世之作！

分享与感悟

▶分享

"希望是人最美好的东西，只要自己不放弃，希望就会永远相伴随。"安迪，一个成功的银行家，受到了不公正的法律惩罚。他以自己的坚持，赢得自己灵魂的救赎，他通过自己的行动不仅改变了自己的命运，而且深深地影响了牢笼中的其他人。

▶感悟

1. 谈谈你的感想：

_____

_____

_____

经典剧情

《勇敢的心》

在威廉·华莱士还是孩子的时候，他的父亲，苏格兰的英雄马索·华莱士在与英军的斗争中牺牲了。幼小的他在父亲好友的指导下学习文化和武术。光阴似箭，英王爱德华为巩固在苏格兰的统治，颁布法令允许英国贵族在苏格兰享有结婚少女的初夜权，以便让贵族效忠皇室。王子妃伊莎贝拉是个决断的才女，她知道这道法令会让英国贵族有意于苏格兰，但更会激起苏格兰人民的反抗。年轻的华莱士学成回到故乡，向美丽的少女梅伦求婚，愿意做一个安分守己的人。然而梅伦却被英军无理抢去并遭杀害，华莱士终于爆发了。在广大村民高呼"英雄之后"的呼喊声中，他们揭竿而起，杀英兵宣布起义。苏格兰贵族罗伯想成为苏格兰领主，在其父布斯的教唆下，假意与华莱士联盟。华莱士杀败了前来进攻的英军，苏格兰贵族议会封他为爵士，任命他为苏格兰护国公。华莱士却发现这些苏格兰贵族考虑的只是自己的利益，丝毫不为人民和国家前途担心。爱德华为了缓和局势，派伊莎贝拉前去和谈。但由于英王根本不考虑人民的自由和平等，只想以收买华莱士为条件，最终和谈失败了。伊莎贝拉回去后才发觉和谈根本就是幌子，英王汇合了爱尔兰军和法军共同包围华莱士的苏格兰军队，她赶紧送信给华莱士。在大军压境之时，贵族们慌作一团，华莱士领兵出战，混战一场，短兵相接中，他意外发现了罗伯竟与英王勾结，不禁备受打击。伊莎贝拉为华莱士的豪情倾倒，她来到驻地向华莱士倾吐了自己的真情，两人陶醉在爱情的幸福之中。英王再次提出和谈。华莱士明知是圈套，但为了和平着想，他依旧答应前去。罗伯的父亲在爱丁堡设计阴谋抓住了华莱士，并把他送交英王。罗伯对父亲的诡计感到怒不可遏，华莱士终于被判死刑。伊莎贝拉求情不成，在英王临死前，她告诉英王她怀的不是王子的血脉，而这个孩子不久将成为新的英王。华莱士刑前高呼"自由"，震撼了所有人。几星期后，在受封时，罗伯高呼为华莱士报仇的口号，英勇地继承华莱士的遗志对抗英军。

分享与感悟

▶分享

《勇敢的心》是一部史诗般的片子，主题深沉凝重却又不失轻快，场面宏大，视觉和音乐效果一流，整部影片优美流畅。虽然最后结局令人遗憾，但其悲壮程度足可以感染所有的观众。"自由！"华莱士临行刑前的呐喊，至今响彻在耳边。

▶感悟

1. 谈谈你的感想：

_____

_____

经典剧情

《美丽心灵》

纳什是普林斯顿大学的天才数学家，他拓展了亚当·斯密的经济学说，在非常年轻的时候，他就摘取了数学领域的桂冠——博弈论。不幸的是，与历史上很多其他领域的天才一样，伴随着成功，磨难也一并到来了，他得了妄想型精神分裂症。

他是一个事业上的强者，却是现实生活中的弱者。他不善交际，身边没有一个知心朋友，而且谈女朋友时往往因为过于直白而屡遭拒绝。更严重的是，他的精神分裂症渐渐变得严重了，而他自己却还浑然不知。

科学家曾为美国在第二次世界大战中的获胜发挥了巨大的作用。现在，他被美国五角大楼挑中，负责破解苏俄的密码。于是他成天埋首于闪烁晃动

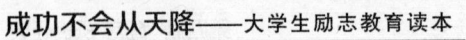

的数字之中，成了两国争霸绞杀的对象。

幸运的是，他很快遇到了艾丽西亚，一个拥有美丽心灵并深爱他的女人。在纳什发病并威胁到她的生命安全时，她把孩子送回娘家，自己不弃不离，她理解丈夫，也为不愿意去精神病医院治疗的丈夫担心。在纳什住家休养时，她给予了丈夫无微不至的关怀与照料，并顶住巨大的精神压力支撑着一个家庭走过忧患。这是一曲爱情挽救生命的颂歌，这是美丽心灵最生动的诠释。

分享与感悟

▶分享

《美丽心灵》是一部以纳什的生平经历为基础而创作的人物传记片，描写了人的力量和脆弱，体现了抽象数字和真实人性之间的矛盾。在技巧上，它有效地将主人公大脑中的魔鬼和挣扎加以外在化，增加了故事的曲折程度，但没有将它庸俗化。该片荣获了第74届奥斯卡最佳影片、最佳导演、最佳改编剧本和最佳女配角4项大奖，并获8项奥斯卡提名。

▶感悟

1. 谈谈你的感想：

_____

_____

经典剧情

《心灵捕手》

一个麻省理工学院的数学教授，在他所在系上的公布栏写下一道他觉得十分困难的题目，希望他那些杰出的学生能解开答案，可是却无人能解。结果一个年轻的清洁工却在下课打扫时，发现了这道数学题并轻易地解开了这个难题。数学教授在找不到真正的解题人之后，又写下了另一道更难的题目，想要找出这个数学天才。

原来这个可能是下一世纪的爱因斯坦的年轻人叫威尔·杭特，他聪明绝顶却叛逆不羁，甚至到处打架滋事，并被少年法庭宣判送进少年观护所。最后经过数学教授的保释并向法官求情，才让他免受牢狱之灾。虽然教授希望威尔能够重拾自己的人生目标，并用尽方法希望他打开心结，但是许多被教授请来为威尔做心理辅导的心理学家，却都被威尔洞悉心理并反被他羞辱，心理学家们纷纷宣告威尔已无药可救。

数学教授在无计可施的情况下，只好求助他的大学同学及好友西恩·麦克奎尔，希望他来开导这个前途岌岌可危的年轻人。结果两人不但成为好友，西恩更是成为了这名年轻人最信任的人，教导他如何面对爱情与将来。

分享与感悟

▶ 分享

一部好的电影总是能在不经意间将你打动，或者说，一部好的电影是需要慢慢欣赏和体味的。《心灵捕手》并没有花费太多时间在展示威尔如何天资聪颖，而是把笔墨主要放在了西恩教授与威尔从最初的略显敌对到慢慢了解，直至帮助他找寻到了自己人生目标的过程。影片牵涉甚广，爱情、友情均有提及，正如一杯浓郁的黑咖啡，只有细细品尝，方能享受到其中的浓浓香味！该片获得奥斯卡最佳男配角和最佳原著剧本两项大奖。

▶ 感悟

1. 谈谈你的感想：

_____

_____

_____

经典剧情

《黑暗中的舞者》

一位患遗传眼病接近全盲的母亲，从捷克来到美国，拼命赚钱，为了两个希望：一个是儿子能够手术，从此和黑暗世界告别；一个是自己能在音乐中不停起舞。但生活没有对她微笑，当她无辜地成为被告，为了儿子，她放弃了律师和自我辩护，选择了在歌声中走向绞刑架。母性的光芒、天使般的灵魂，穿透了生活的黑暗，震慑了我们那颗因为麻木而忘记感恩的心灵。"在我们黑暗的孤独里有一线微光，这一线微光使我们留恋黑暗，这一线微光给我们幻象的骚扰，在黎明确定我们的虚无以前。"诗人穆旦在50多年前写的诗句如此恰当地表达了女人作为母亲的心境。

分享与感悟

▶分享

法国著名影评人拉尔夫·里舍曾这样评价："《黑暗中的舞者》是一部别出心裁且唯美感性的歌舞片，有一点浪漫，也有一点灰色，但是却充满力量。它向一百多年来经典电影里所有爱的深处走去，既有琉璃的色彩，又有深渊一样的穿透力。"

▶感悟

1. 谈谈你的感想：

经典剧情

《飞跃巅峰》

林肯·霍克是一位货车司机，早年因非法运输而被判罪，被迫与妻儿分离。这时他到学校来接走从未见面的儿子，但相处却意外重重。财大气粗不讲理的岳父的处处阻挠，满腔怨气似懂非懂的儿子，重病卧床的妻子。霍克开着他的货车，和儿子共同开始了一次心灵的旅行。

分享与感悟

▶ 分享

《飞跃巅峰》不仅是一部励志动作片，同时也是一部感人至深的亲情片，远远超出了动作片的惯定范畴，特别是其展现的父子感情的真挚，让无数影迷流下了眼泪。

▶ 感悟

1. 谈谈你的感想：

_____
_____
_____

经典剧情

《喜剧之王》

临时演员尹天仇过着穷困潦倒的生活，然而他从来没有放弃过电影艺术，在看似无聊的生活过程中始终执着地追求，并用行动感染着身边每一个人，终于有一天获得赏识并得到饰演男主角的机会。然而在名誉与爱情之间的权衡下，他最终选择了后者。从穷困潦倒的一个临时演员尹天仇身上，我们看到的是一种力求上进、不断进取的精神。

分享与感悟

▶ 分享

《喜剧之王》是周星驰的笑中有泪、泪中更显坚毅的一部喜剧电影，更似为他本人量身创作的一部发奋史。

▶ 感悟

1. 谈谈你的感想：

_____
_____

经典剧情

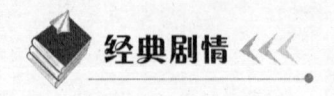

《千钧一发》

影片讲述在不久的未来，通过基因工程加工出生的人才是正常人，而没有这道程序，自然分娩的孩子则被视同"病人"。文森特就是这样一个病人，而他的弟弟安东则是正常人。但文森特却非常想参加由遗传精英组成的戛塔卡公司，因为只有那样才能参加前往"迪坦"星的太空旅行。他用因事故导致瘫痪的正常人杰罗姆的血样和尿样报名参选，不仅如愿以偿，还赢得了搭档艾琳的爱情。但一起凶杀案差点让文森特前功尽弃。事实澄清后，文森特遗传上的"缺憾"还是被艾琳知道了。但爱情的力量使艾琳原谅了他，文森特终于飞上了浩瀚的太空……

分享与感悟

▶分享

基因真的能代表一切吗？有雄心壮志却没有先天条件的人难道就注定抱憾终生吗？这就是这部片所要阐述的：没有任何基因能决定人类精神。只要后天努力，就算没有很好的先天条件，也是可以成功的。

▶感悟

1. 谈谈你的感想：

_____

_____

_____

领航书籍

《高效能人士的七个习惯》

柯维著，王亦兵等译　中国青年出版社

《高效能人士的七个习惯》是史蒂芬·柯维最著名的一本著作。自 1989 年问世至今，曾雄踞美国畅销书排行榜长达 7 年之久，在全球 70 多个国家，以 32 种语言发行，总销量超过了 1 亿册。这本书在美国成年人中极具影响力，号称是"美国公司员工人手一册的书，美国政府机关公务员人手一册的书，美国官兵人手一册的书。"可以毫不夸张地说，它几乎成了美国企业界和政府管理部门的一本"圣经"。甚至当俄文版《高效能人士的七个习惯》在莫斯科上市时，连时任总统的普京也向俄罗斯公民大力推荐阅读这本书，他对媒体不无感慨地说，俄罗斯应该出现这样伟大的思想家。

分享与感悟

▶分享

《高效能人士的七个习惯》一书是一本难得的好书。书中论述的"积极主动"的态度，"以终为始"的目标，"要事第一"的方法，"双赢思维"的共识，"知己知彼"的沟通，"统合综效"的合作，"不断更新"的磨炼，都是正确、科学的思维模式，是引导人们一步一步走向成功的阶梯。

▶感悟

1. 谈谈你的感想：

_____
_____
_____

领航书籍

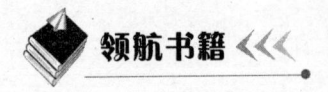

《幸福的方法》

（以）沙哈尔著　当代中国出版社

想学会获得幸福的方法吗？哈佛大学"最受欢迎的导师"和他"改变人生"的课程——积极心理绝对能做到！这是哈佛大学最受学生欢迎的课程，也是哈佛有史以来选课人数最多的课程。泰勒·本·沙哈尔博士用充满智慧的语言、科学实证的方法、自助成功的案例和巧妙创新的编排，让你现在就能把积极心理学应用到日常生活之中。当你开始用开放的心态阅读这本书时，你就会感到人生更充实，身心更统一，当然，你就会更幸福。

分享与感悟

▶分享

幸福是衡量人生成就的标准，提升幸福感不仅能改善个人的生活质量，也能让世界成为一个更和平、更美好的地方。发现你人生的真正答案，用完形练习的方式填写一个举例练习：如果我可以对我的生活多5%的觉察……让我开心的事情是……如果我的生活可以增加5%的幸福感……如果我更多地担负起对自己内心需要的责任……如果我可以将与自己的内心的一致性提高5%……把这些句子写完，我就可以写下一些自己以前都从未发觉的事情，而且我们很多时候只要在小处"稍稍"改变一下，再坚持执行，就会更有成功的感受、幸福的感觉。

▶感悟

1. 谈谈你的感想：

_____

_____

领航书籍

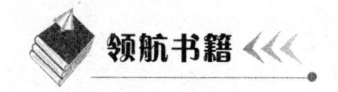

《曾国藩家书》

曾国藩著　四川文艺出版社

中国自古就有立功、立德、立言"三不朽"之说，而真正能够实现者却寥若星辰，曾国藩就是其中少数成功者之一。他的功业无人可以效仿，而他的著作和思想同样影响深远、泽被后人。他所著的《曾国藩家书》是研究曾国藩其人及这一时期历史的重要资料。《曾国藩家书》中通过读书、做学问、勤劳、俭朴、自立、有恒、修身、做官等方面，展现了曾国藩"修身、齐家、治国、平天下"的毕生追求。他的家书句句妙语，讲求人生理想、精神境界和道德修养，是为人处世的金玉良言，在现代社会里，也是值得我们借鉴的。

分享与感悟

▶分享

曾国藩一生经历了中国衰朽的过程。就其本人而言，早年专精学问，学做圣贤，着实取得了不小成绩，后从戎理政，也大有所成。他的门人李鸿章曾感叹地说："吾师道德功业，固不待言，即文章学问，亦卓绝一世。"曾国藩关于治学、修身、齐家和立志、立功、立德的论述，对后人仍有研究和弘扬的价值。

▶感悟

1. 谈谈你的感想：

_____

_____

_____

领航书籍

《做最好的自己》

李开复著　人民出版社

用"精神领袖"来形容李开复在中国学生心目中的地位,毫不过分。《做最好的自己》用了近百个真实案例,来阐述如何运用"成功同心圆"法则选择自己的价值观,阐述如何运用自己的智慧,"选择做一个融会中西的国际化人才",最终说明"成功就是做最好的自己"。这些案例当中,有李开复自己的成败得失,也有如比尔·盖茨一般显赫人物的故事。

分享与感悟

▶分享

中国的青年非常优秀,但是中国的学生非常困惑,因为他们面对着高期望的父母、习惯于应试教育的学校和老师以及浮躁的社会心态。如果能够有过来人帮他们指路,让他们能走得更踏实、更精确一些,他们将成为中华民族更上一层楼的最大动力。

▶感悟

1. 谈谈你的感想:

_____

_____

领航书籍

《与未来同行》

李开复著　人民出版社

本书汇集了近八年来作者所撰写的25篇与人才成长、科技创新、企业文化和青少年教育等相关的文章。它们中的每一篇都是用写作的方式关心中国科技与教育事业，关注中国青年学生成长历程的缩影，它们中的每一篇也都凝聚着对中国科技、文化与教育事业的美好未来的无限憧憬。

分享与感悟

▶分享

中国的青年，希望这本书能伴你同行，帮助你用坚定的步伐和无限的激情走向属于你自己的美好未来。中国的企业，希望这本书能为你带来灵感和信心，帮助你的企业在国际化的大舞台上从容应对，决胜千里。中国的高校，希望这本书能为你提供有益的经验和建议，帮助你在建设世界一流学府的道路上稳步前行。中国的家长，希望这本书能给你带来启迪和智慧，帮助你培养出21世纪所需要的一流人才。

▶感悟

1. 谈谈你的感想：

_____

_____

领航书籍

《永不言败》

俞敏洪著　群言出版社

《永不言败》是继《挺立在孤独、失败与屈辱的废墟上》之后，新东方教育科技集团总裁俞敏洪经过两年积淀后的又一心血力作。和前书相比，《永不言败》少了几分慷慨激昂，多了几分娓娓道来。这本书里的俞敏洪，不仅仅是一位站在中国民办教育行业前沿的领军人物，也不仅仅是新东方团队的领导者和新东方神话的缔造者，他更是一位睿智的长者、一位辛勤的教师、一位慈祥的父亲、一位千百万学子心中可敬可爱的朋友。他会为你指出《生命的北斗星》，引导你突破《局限》，避开《习惯的陷阱》，最终走出人生的沙漠；他告诫你要《抓住机会》，《用普遍资源换取稀缺资源》，总结《经验和教训》，还要找到正确的《做事情的方法》，即使失败了也要看清《失败背后的机会》；他和你探讨《财富的意义》，带领你去《寻找生活的快乐》，去《为自己留下一些令人感动的日子》；他对心浮气躁的年轻人呐喊：《急事慢做》啊，《熟能生巧》；他向溺爱孩子的父母们疾呼：《父母陪读，对孩子永久的伤害》……

分享与感悟

▶分享

人生只有不断的挑战才会有进步，充满挑战的人生才有激情，生命才有意义。我们要将"挑战自我，永不言败"这句话牢记在心，面对困难敢于挑战，从不言败。

▶感悟

1. 谈谈你的感想：

_____

_____

领航书籍

《有用的聪明》

吴淡如著　　国家文化出版公司

台湾励志图书第一品牌。阅读《有用的聪明》，会带给你心灵的共鸣，让你发出吴淡如一样的感慨：世界比你想象中复杂；人性比你想象中多面化；爱情比你想象中多波折；而你比你自己想象中更聪明！可以用努力改变的事情不能等，不能用努力改变的事情要有耐心。该做的事不能等，对结果却要有耐心。人生目标不能等，对人性却要有耐心。在解决麻烦上不要等。如果命运的黑夜漫长又寒冷，请一边用行动促使自己发热，一边宽容地等。

分享与感悟

▶分享

人与人的交往就是一场场头脑的较量！聪明的人会利用各种各样的技巧，表现出自己最好的一面，看透对手的真实想法，并给对手以强大的压力，从而牢牢掌握交往的主动权，游刃有余地应对各种场合。恰到好处地运用"有用的聪明"，你就会成为最后的赢家！

▶感悟

1. 谈谈你的感想：

领航书籍

《创造自己》《肯定自己》《超越自己》

刘墉著　漓江出版社

这几本书里没有什么了不得的韬略，却充满了一个父亲殷切的叮咛，透过书信的方式，教导他那走向成年的孩子如何战胜自己的惰性和童年时期的依赖性；在纷繁复杂的社会中、在充满竞争的学校里，找到生存自保之道，并寻求进一步的突破。

分享与感悟

▶分享

这些充满亲情、感人至深的书信续集出版后，获得热烈反响，几乎成为学生的课外必读书。刘墉是著名教育家、作家、画家，更是成功父母的代表。这套书让他的儿子不仅一步步走进美国著名的学校——史岱文森高中、茱莉亚音乐学院，又走进了哈佛。书中的教育方法独树一帜，言词亲切，平和达观，令人心悦诚服。许多家长拿这套书当参考，遇到教子问题就说："去翻刘

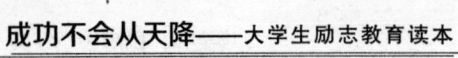

墉的书，看他有没有讲到怎么做。"

▶感悟

1. 谈谈你的感想：

_____

_____

_____

领航书籍

《小故事大哲理》

汪家颂编著　中国物资出版社

　　小故事告诉我们，不给别人活路等于自绝后路；小故事启迪我们，如果一个人为昨天做过错事难过，那么今天他至少又做了一件错事——浪费时间；小故事提醒我们，人如果做不了自己的主宰，便会成为物欲的奴隶，因为诱惑总是顺着人那软弱、私欲的本性往上爬；小故事告诉我们，比天空更广阔的是人的心灵，不给别人活路等于自绝后路；小故事启发我们，爱人者人恒爱，敬人者人恒敬；小故事奉劝我们，你可以欺骗某些人于一事，也可以欺骗所有人于一时，却难以欺骗所有人于永远；小故事安慰我们，世界有权决定使你在何种条件下生活，但却无法决定你以何种态度、何种方式生活……

分享与感悟

▶分享

本书收集一串串小故事，富有哲理，却读之不累，以小故事阐述人们如何搭建心灵之间的桥梁。

▶感悟

1. 谈谈你的感想：

_____

_____

经典歌曲

超越梦想

当圣火第一次点燃是希望在跟随
当终点已不再永久是心灵在体会
不在乎等待几多轮回
不在乎欢笑伴着泪水
超越梦想一起飞
你我需要真心面对
让生命回味这一刻
让岁月铭记这一回

分享与行动

▶分享

梦想,是坚信自己的信念,完成理想的欲望和永不放弃的坚持,是每个拥有她的人最伟大的财富。梦想是一个人对自己一生的"承诺",必须严肃认真地面对它、实践它。

▶行动

1. 大家一起唱(多媒体演唱,独唱)
2. 谈谈你对本歌曲的评价
3. 谈谈演唱本歌曲后你所受的感染
4. 改进自己的行动计划

_____
_____
_____

经典歌曲

飞得更高

生命就像一条大河
时而宁静　时而疯狂
现实就像一把枷锁
把我捆住　无法挣脱
这谜一样的生活锋利如刀
一次次将我重伤
我知道我要的那种幸福
就在那片更高的天空
我要飞得更高飞得更高
狂风一样舞蹈挣脱怀抱
我要飞得更高飞得更高
翅膀卷起风暴心生呼啸
飞得更高
一直在飞一直在找
可我发现无法找到
若真想要是一次解放
要先剪碎这诱惑的网
我要的一种生命更灿烂
我要的一片天空更蔚蓝
我知道我要的那种幸福
就在那片更高的天空
我要飞得更高飞得更高
狂风一样舞蹈挣脱怀抱
我要飞得更高飞得更高
翅膀卷起风暴心生呼啸
飞得更高飞得更高飞得更高……

分享与行动

▶ 分享

春去秋来，几十年的光阴于茫茫的时空如同沧海一粟。生命是宝贵的，没有人愿意平庸，没有人甘心失败，放飞你的理想，生命才会放射出光彩！

▶ 行动

1. 大家一起唱（多媒体演唱，独唱）
2. 谈谈你对本歌曲的评价
3. 谈谈演唱本歌曲后你所受的感染
4. 改进自己的行动计划

经典歌曲

从头再来

昨天所有的荣誉

已变成遥远的回忆

辛辛苦苦已度过半生

今夜重又走进风雨

我不能随波浮沉

为了我挚爱的亲人

再苦再难也要坚强

只为了那些期待眼神

心若在梦就在

天地之间还有真爱

看成败人生豪迈

只不过是从头再来

分享与行动

▶ 分享

人的一生，谁都可能遭遇失败。当一桩事业、一项工作、一件事情、一份感情，因为种种原因到了无可挽回的地步时，是久久沉溺其中难以自拔，还是重整旗鼓从头再来，的确可以检验一个人的人生态度。其实，转身不一定就是软弱，敢于跟过去告别，敢于挽起袖子再干一场，是有自信、有勇气的表现。能够从头再来，是人生的一种豪迈。

▶ 行动

1. 大家一起唱（多媒体演唱，独唱）
2. 谈谈你对本歌曲的评价
3. 谈谈演唱本歌曲后你所受的感染
4. 改进自己的行动计划

经典歌曲

相信自己

多少次挥汗如雨
伤痛曾填满记忆
只因为始终相信
去拼搏才能胜利
总是在鼓舞自己
要成功就得努力
热血在赛场沸腾
巨人在东方升起
相信自己

你将赢得胜利创造奇迹

相信自己

梦想在你手中这是你的天地

相信自己

你将超越极限超越自己

相信自己

当这一切过去你们将是第一

相信自己

分享与行动

▶分享

爱默生曾说，相信你自己的思想，相信你内心深处所确认的东西，众人也会承认，这就是天才。一个人应学会更多地了解和观察自己心灵深处那一闪即过的火花，充分挖掘自身的潜力，相信自己，这个世界会因为我们自信的笑脸而放射出五彩斑斓的光芒！

▶行动

1. 大家一起唱（多媒体演唱，独唱）
2. 谈谈你对本歌曲的评价
3. 谈谈演唱本歌曲后你所受的感染
4. 改进自己的行动计划

_____
_____
_____

经典歌曲

怒放的生命

曾经多少次跌倒在路上

曾经多少次折断过翅膀

如今我已不再感到彷徨

我想超越这平凡的奢望

我想要怒放的生命

就像飞翔在辽阔天空

就像穿行在无边的旷野

拥有挣脱一切的力量

曾经多少次失去了方向

曾经多少次破灭了梦想

如今我已不再感到迷茫

我要我的生命得到解放

我想要怒放的生命

就像矗立在彩虹之巅

就像穿行在璀璨的星河

拥有超越平凡的力量

分享与行动

▶分享

生命并不因为形式的不同而显示优劣，所有热爱生活的生命都是可爱和可敬的，所有乐观进取的生命历程都是美丽的。不管我们在生活中经历多少挫折磨难打击，都要努力坚持，生命不息，奋斗不止！

▶行动

1. 大家一起唱（多媒体演唱，独唱）
2. 谈谈你对本歌曲的评价
3. 谈谈演唱本歌曲后你所受的感染
4. 改进自己的行动计划

经典歌曲

阳光总在风雨后

人生路上甜苦和喜忧
愿与你分担所有
难免曾经跌倒和等候
要勇敢地抬头
谁愿藏躲在避风的港口
宁有波涛汹涌的自由
愿是你心中灯塔的守候
在迷雾中让你看透
阳光总在风雨后
乌云上有晴空
珍惜所有的感动
每一份希望在你手中
阳光总在风雨后
请相信有彩虹
风风雨雨都接受
我一直会在你的左右

分享与行动

▶ **分享**

有了蚌壳毕生心血的磨砺,才有珍珠的光彩夺目;有了蝶蛹漫长的孕育,才有蝴蝶飞舞花间的婀娜。不经历风雨,怎么见彩虹?阳光总在风雨后!

▶ **行动**

1. 大家一起唱(多媒体演唱,独唱)
2. 谈谈你对本歌曲的评价
3. 谈谈演唱本歌曲后你所受的感染

4. 改进自己的行动计划

经典歌曲

明天会更好

轻轻敲醒沉睡的心灵
慢慢张开你的眼睛
看看忙碌的世界
是否依然孤独地转个不停
春风不解风情
吹动少年的心
让昨日脸上的泪痕
随记忆风干了
抬头寻找天空的翅膀
候鸟出现它的影迹
带来远处的饥荒无情的战火
依然存在的消息
玉山白雪飘零
燃烧少年的心
使真情溶化成音符
倾诉遥远的祝福
唱出你的热情
伸出你双手
让我拥抱着你的梦
让我拥有你真心的面孔
让我们的笑容

充满着青春的骄傲

为明天献出虔诚的祈祷

谁能不顾自己的家园

抛开记忆中的童年

谁能忍心看那昨日的忧愁

带走我们的笑容

青春不解红尘

胭脂沾染了灰

让久违不见的泪水

滋润了你的面容

日出唤醒清晨

大地光彩重生

让和风拂出的音响

谱成生命的乐章

唱出你的热情

伸出你双手

让我拥抱着你的梦

让我拥有你真心的面孔

让我们的笑容充满着青春的骄傲

让我们期待明天会更好

分享与行动

▶分享

期待如同美好的梦境,让你置身于五彩缤纷的世界里。期待是一种乐观、积极向上、充满美好的精神,有期待就有希望!

▶行动

1. 大家一起唱(多媒体演唱,独唱)
2. 谈谈你对本歌曲的评价
3. 谈谈演唱本歌曲后你所受的感染

成功不会从天降——大学生励志教育读本

4. 改进自己的行动计划

经典歌曲

壮志在我胸

拍拍身上的灰尘　振作疲惫的精神

远方也许尽是坎坷路　也许要孤孤单单走一程

早就习惯一个人　少人关心少人问

就算无人为我付青春　至少我还保留一份真

拍拍身上的灰尘　振作疲惫的精神

远方也许尽是坎坷路　也许要孤孤单单走一程

莫笑我是多情种　莫以成败论英雄

人的遭遇本不同　但有豪情壮志在我胸

嘿呦嘿嘿　嘿呦嘿　管哪山高水也深

嘿呦嘿嘿　嘿呦嘿　也不能阻挡我奔前程

嘿呦嘿嘿　嘿呦嘿　茫茫未知的旅程　我要认真面对我的人生

分享与感悟

▶分享

雄鹰振翅高飞，搏击长空，斗破苍穹，因为它向往那广袤的天空，为了追梦，勇往直前，所以它飞得高远。在生命的旅途中，我们会孤单，会彷徨，但只要我们明确了目标，坚定自己的志向，理想就会像北斗星，引我们走向黎明。

▶行动

1. 大家一起唱（多媒体演唱，独唱）
2. 谈谈你对本歌曲的评价

3. 谈谈演唱本歌曲后你所受的感染
4. 改进自己的行动计划

_____

_____

经典歌曲

放飞梦想

用坚强做双翅膀　勇敢就是种锋芒
逆风也要飞翔　梦想是最好的信仰
把希望化成力量　让奇迹从天而降
快乐才能分享　梦想就开始发亮
　放飞梦想　抹去悲伤
　拥抱暖阳　让笑容留在脸上
　放飞梦想　点亮希望
重新登场　做个潇洒的亮相
把希望化成力量　让奇迹从天而降
快乐才能分享　梦想就开始发亮
　放飞梦想　抹去悲伤
　拥抱暖阳　让笑容留在脸上
　放飞梦想　点亮希望
重新登场　做个潇洒的亮相
　放飞梦想　大声歌唱
挑战自我　让自己足够坚强
　放飞梦想　青春绽放
梦想就在　不远的前方

分享与感悟

▶ 分享

因为有了梦想，凡事才有可能；因为有了梦想，你才会去坚持；因为有了梦想，你才会去拼搏。一旦有了梦想，一旦确定了人生目标，你就可以在它的指引下，坚持不懈，直到实现梦想。因为梦想，所以你与众不同！

▶ 行动

1. 大家一起唱（多媒体演唱，独唱）
2. 谈谈你对本歌曲的评价
3. 谈谈演唱本歌曲后你所受的感染
4. 改进自己的行动计划

_____

_____

_____

经典歌曲

爱拼才会赢

一时失志不免怨叹

一时落魄不免胆寒

哪通失去希望

每日醉茫茫

无魂有体亲像稻草人

人生可比是海上的波浪

有时起有时落

好运歹运　总嘛要照起工来行

三分天注定　七分靠打拼

爱拼才会赢

分享与感悟

▶分享

人一旦处于拼搏状况，其智慧、精力、潜能就会得到超常的发挥。当你碰到横跨在道路上的障碍时，你应该操起手中的利斧劈开一切障碍，千万不要放弃，爱拼才会赢！

▶行动

1. 大家一起唱（多媒体演唱，独唱）
2. 谈谈你对本歌曲的评价
3. 谈谈演唱本歌曲后你所受的感染
4. 改进自己的行动计划

图书在版编目（CIP）数据

成功不会从天降：大学生励志教育读本 / 王秀冰，胡玮玲主编. -- 北京：中国书籍出版社，2019.12

ISBN 978-7-5068-7624-7

Ⅰ.①成… Ⅱ.①王… ②胡… Ⅲ.①成功心理–青年读物 Ⅳ.①B848.4-49

中国版本图书馆 CIP 数据核字(2019)第 282384 号

成功不会从天降——大学生励志教育读本

王秀冰　胡玮玲　主编

责任编辑	王博奉
责任印制	孙马飞　马　芝
封面设计	范　荣
出版发行	中国书籍出版社
地　　址	北京市丰台区三路居路 97 号（邮编：100073）
电　　话	（010）52257143（总编室）　　（010）52257140（发行部）
电子邮箱	eo@chinabp.com.cn
经　　销	全国新华书店
印　　刷	青岛环海瑞源印刷科技有限公司
开　　本	787 mm × 1092 mm　1 / 16
字　　数	154 千字
印　　张	9.75
版　　次	2019 年 12 月第 1 版　2019 年 12 月第 1 次印刷
书　　号	ISBN 978-7-5068-7624-7
定　　价	89.00 元

版权所有　翻印必究